多轴加工及仿真实践

蔡 捷 主编

机械工业出版社

本书是一本全彩印刷的新形态教材，支持移动学习，可用于线上线下混合教学。本书涵盖多轴加工涉及的各项技术，具体包括：数控铣削加工基础、NX 多轴铣削加工基础、NX 多轴加工编程、NX 多轴后处理、多轴加工仿真及实践等在多轴加工过程中必须用到的技术。本书逻辑清晰，用逐步递进的方法贯穿起来，可有效地协助读者将多轴铣削加工理论知识融入实践应用中。

　　本书是数字化制造类相关专业学习多轴加工的入门教材，可作为学习多轴铣削加工技术的培训教材，也可作为企业相关岗位技术人员的参考书。

　　本书配有二维码和教学平台资源。

图书在版编目（CIP）数据

多轴加工及仿真实践 / 蔡捷主编. — 北京：机械工业出版社，2022.10（2024.1重印）
ISBN 978-7-111-71186-5

Ⅰ.①多… Ⅱ.①蔡… Ⅲ.①数控机床－加工－教材 Ⅳ.①TG659

中国版本图书馆CIP数据核字（2022）第122544号

机械工业出版社（北京市百万庄大街 22 号　邮政编码 100037）
策划编辑：王晓洁　　　　　　　责任编辑：王晓洁
责任校对：梁　静　李　婷
责任印制：刘　媛
涿州市殷润文化传播有限公司印刷
2024 年 1 月第 1 版第 2 次印刷
184mm×260mm · 9 印张 · 217 千字
标准书号：ISBN 978-7-111-71186-5
定价：45.00 元

电话服务　　　　　　　　　　网络服务
客服电话：010-88361066　　　机 工 官 网：www.cmpbook.com
　　　　　010-88379833　　　机 工 官 博：weibo.com/cmp1952
　　　　　010-68326294　　　金 书 网：www.golden-book.com
封面无防伪标均为盗版　　　机工教育服务网：www.cmpedu.com

前言 / PREFACE

多轴加工技术和其他机械加工技术一样，离不开整个加工系统的任何一个部分，如机床、夹具、刀具、材料、工艺等。为了更好且全面地掌握此项技术，本书综合各方面内容进行编排。

为满足现代机械加工中对复杂高精度零件的编程需求，目前主要的手段是借助计算机辅助编程软件进行数控加工程序的编制，所以本书采用西门子公司的 NX 软件进行数控编程。为便于进行虚实结合教学，本书验证数控加工程序的仿真软件采用惠脉数控仿真教学软件（HuiMaiTech）。考虑到多轴加工中铣削占比较大，也因篇幅所限，所以本书主要介绍多轴铣削方面的知识。

计算机辅助编程软件是编制数控加工程序的有力工具，使用好工具的前提是掌握制造相关的专业知识。本书涵盖工件材料、毛坯选择、机床性能、装夹方案、刀具材料及形状、参数选择及计算、数控加工程序优化、加工代码后处理以及高精度机床常用的海德汉数控系统等相关专业知识。读者还应学习工程制图、工程材料、工程力学、机械制造基础、机械制造技术、机械制造工艺学、互换性与测量技术、海德汉数控系统加工程序格式及手工编程方法等相关拓展专业知识。

本书是一本新形态教材，支持移动学习，可用于线上线下混合式教学。每一个项目内都附有较详尽的教学视频，并配套了相关的资源包。读者也可申请加入超星学习通，进行"多轴加工及仿真实践"课程学习，可观看高清视频教学，加入班级进行沟通交流。

本书编写过程中得到了多位前辈和同行的支持。本书主编为蔡捷，参加编写的有何亚飞、李宁、贾立新、鲁华东、王振宇、季刚、刘绍伟、杨晓。其中，上海第二工业大学蔡捷编写了项目 4 及项目 1、2、3、5 的部分内容，并负责全书统稿；杨晓编写了项目 1 的部分内容；上海市工业技术学校鲁华东、王振宇编写了项目 2 的部分内容；上海第二工业大学何亚飞、李宁、贾立新编写了项目 3 的部分内容；惠脉智能科技（上海）有限公司季刚、温州技师学院刘绍伟编写了项目 5 的部分内容。

本书的出版得到了山特维克可乐满 / 瓦尔特的支持，书中项目 1 引用的部分图片和视频源自山特维克可乐满 / 瓦尔特，其中标注源自山特维克可乐满的图片和视频的著作权人为 AB Sandvik Coromant，标注为源自瓦尔特的图片和视频的著作权人为 Walter AG。项目 2 的图片和视频源自西门子 NX 官网帮助文件。

本书编写过程中还得到了山特维克可乐满王天伟先生、瓦尔特潘兆杰先生和黄李白鹭小姐、西门子 NX 中国区教育部华文龙先生、上海第二工业大学数字化制造工程中心魏双羽、朱弘峰、沈歆迪的支持和协助，在此一并感谢。

由于编者水平有限，书中难免有不足之处，恳请广大读者批评指正。

编　者

CONTENTS 目录

项目 1 数控铣削加工基础

【学习任务】

1.1 铣削常用知识

1.1.1 顺铣和逆铣

1.1.2 铣刀轴向、径向前角的组合

1.1.3 平均切屑厚度

1.1.4 铣刀转速计算

1.1.5 铣刀冷却结构

1.2 铣削策略

1.2.1 一般铣削策略

1.2.2 立体曲面铣削策略

【学习目标】

知识目标

☐ 熟练掌握顺铣和逆铣的特点

☐ 掌握铣刀轴向、径向前角的组合适用场景

☐ 掌握调整铣削参数的方法

☐ 掌握常用铣削策略

☐ 掌握复杂立体曲面铣削策略

技能目标

☐ 能根据工件的材料、形状选择合适的刀具

☐ 能根据工件的表面质量、刀具的材料及形状设置合理的加工参数

☐ 能利用计算机辅助软件的功能特点生成合理的铣削路径

多轴加工中铣削是最常见的，铣削与车削不同，车削大部分是单刃刀具连续切削，而铣削大部分是多刃刀具断续切削。多刃刀具最后加工的平面或曲面则是由多个切削刃包络形成的（图 1-1 所示为六齿铣刀刀片断续切削的轨迹）。铣削要考虑的因素繁多，由于篇幅的限制，本项目仅介绍铣削中必须了解的常用知识。

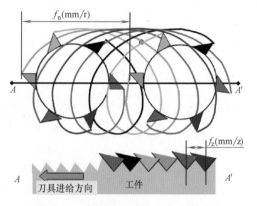

图 1-1　六齿铣刀刀片断续切削的轨迹
（图片源自瓦尔特）

1.1.1　顺铣和逆铣

■ 顺铣

顺铣是指刀具旋转时刀齿的运动方向和工件的进给方向相同的加工方式，如图 1-2 所示。

顺铣时切削厚度（图 1-2 中蓝色区域）在刀尖与工件开始接触时最大，刀尖与工件脱离接触时最小。刀尖从厚度较大的位置切入不易产生打滑现象。顺铣的切削分力指向机床台面（图 1-2 左图上方斜向箭头所指）。

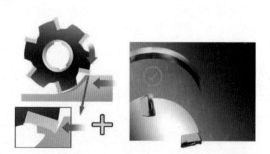

图 1-2　顺铣（图片源自山特维克可乐满）

顺铣的加工表面质量良好，后面磨损较小，机床运行也比较平稳，因此特别适用于在较好的切削条件下加工高合金钢。但顺铣不宜加工含硬表层的工件（如铸件表层），因为加工时切削刃必须从外部通过工件的硬表层进入切削区域，从而产生较强的磨损。

■ 逆铣

逆铣是指刀具旋转时刀齿的运动方向和工件的进给方向相反的加工方式，如图 1-3 所示。

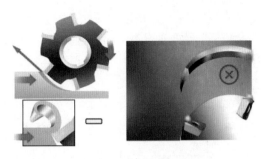

图 1-3　逆铣（图片源自山特维克可乐满）

逆铣时切削厚度在刀尖与工作开始接触时为 0，到刀尖离开工件时为最大。由于刀尖起始的切削厚度为 0，而刀尖又不是绝对的锋利，因此，刀尖在开始接触工件的一小段里常常处于打滑的状态，虽然这种打滑的状态有时用于对工件表面的抛光，但这种抛光作用往往有赖于加工经验，不同的刀具、不同的工件和不同的加工参数，抛光的作用结果都会不同。打滑现象会使刀具后面磨损加快，降低刀具寿命，并且出现振动的痕迹，使表面质量不理想，此外，打滑现象还会导致已加工表面出现硬化现象。

另外，值得注意的是逆铣时切削刃切出产生的厚切屑和较高的温度将导致高拉伸应力，进而会缩短刀具寿命，切削刃通常会因此快速损坏；逆铣也可能导致切屑黏到或焊到切削刃上形成积屑瘤，切削刃随后将积屑瘤带到下一次切削的起始位置，就可能导致切削刃瞬时崩碎。

逆铣时切削分力使工件离开机床工作台面方向，切削分力的方向往往同夹具夹紧力的方向相反，因此可能导致工件轻微脱离定位面，使工件加工处于不稳定状态。

当然，逆铣在某些场合也是有应用价值的。比如：当加工余量出现大幅变化时，逆铣就可能比较有利；使用陶瓷刀片加工高温合金时，也建议采用逆铣，因为陶瓷对切入工件时产生的冲击比较敏感。

铣刀铣削零件时，若铣削宽度超出了铣刀的半径，则这个铣削就是逆铣和顺铣的混合应用，如图 1-4 所示。在已加工平面中，图示左边的部分为逆铣（材料从少切到多），右边的部分为顺铣（材料从多切到少）。在逆铣和顺铣的混合应用中，通常应使顺铣的部分占主要份额。

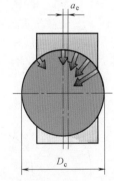

图 1-4　逆铣和顺铣的混合应用（图片源自山特维克可乐满）

■ 进刀切入的定位

铣刀的每一次切入，其切削刃都要经受一次冲击载荷，该冲击载荷的大小和方向由工件材料、切削的横截面积以及切削的类型决定。如果冲击载荷超出了刀具的承受限度，切削刃就会破碎。

铣刀切削刃与工件顺利的初始接触是铣削的关键，这取决于刀具的直径、几何形状以及定位。

图 1-5 是铣刀切削刃与工件顺铣的初始接触方式。图 1-5a 所示的初始接触方式为刃尖接触，这种接触方式常常是由于铣削宽度小于铣刀的半径造成的，而图 1-5b 所示的初始

接触方式是切削刃中段接触，这种接触方式常常是由于铣削宽度要超过铣刀半径造成的。显然，在图1-5b的初始接触方式下切削刃不易破碎。此外，铣刀的前角组合也会影响切削刃与工件初始接触的方式。

 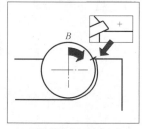

a) 初始接触为刃尖　　　　　　　b) 初始接触为切削刃中段

图1-5　铣刀切削刃与工件顺铣的初始接触方式

　　根据经验，偏离中心向左定位铣刀，可以在进刀时产生较厚的切屑，在退刀时产生较薄的切屑（顺铣方法），如图1-4所示。由此可获得方向更加稳定、更加有利的切削力，从而最大限度地减少振动。如果按照中心线对称地定位铣刀，则退刀时将产生厚切屑，因此存在更高的振动风险。所以选择铣刀时一般要求铣刀直径比削宽度大20%～50%，当然还必须考虑可用的主轴功率，主轴功率会影响齿距的选择。

　　由于铣刀直径系列一般都符合相关标准，为得到初始接触方式是切削刃中段接触，通常情况下取不小于预定铣削宽度的第二个直径的铣刀即可。例：如图1-6所示是铣刀直径系列的一部分（更小的直径有3mm、4mm、5mm、6mm、8mm、10mm、12mm、16mm等，更大的有80mm、100mm、125mm、160mm、200mm、250mm、315mm、400mm等）。假设铣削宽度是36mm，那不小于这个宽度的铣刀的第1档直径是40mm，而第2档直径是50mm，选取的铣刀盘直径就是50mm。但如果铣削宽度是40mm，那么不小于这个宽度的铣刀的第1档直径是40mm，而第2档直径还是50mm，选取的铣刀盘直径也是50mm。

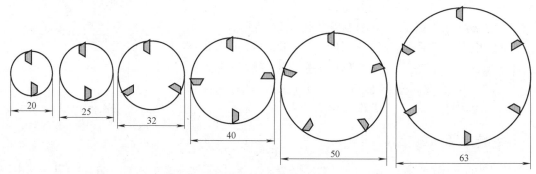

图1-6　铣刀直径系列（图片源自瓦尔特）

1.1.2　铣刀轴向、径向前角的组合

　　铣刀的前角可分解为轴向前角⊖和径向前角⊖，其剖面如图1-7所示。径向前角γ_f主要

　　⊖　为便于理解，本书中将"背前角"称为"轴向前角。"

　　⊖　为便于理解，本书中将"侧前角"称为"径向前角"。

影响切削功率；轴向前角 γ_P 则影响切屑的形成和轴向力的方向，当 γ_P 为正值时切屑飞离加工面。

轴向前角是在平行于铣刀轴线的平面（图 1-7 中浅蓝底色的 P—P 剖面）内测量的前角，即图中的 γ_P。

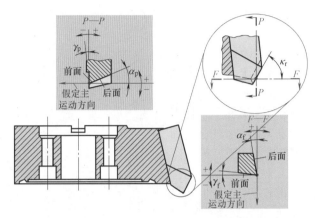

图 1-7　铣刀的两个剖面：轴向剖面和径向剖面（图片源自瓦尔特）

径向前角则是在垂直于轴线的平面（也垂直于轴向剖面，如图 1-7 中浅绿底色的 F—F 剖面）内测量的前角，即图中的 γ_f。

这两个分解出来的前角有不同的组合，这些组合会有不同的切削效果。

■ 双正前角铣刀

图 1-8 是双正前角铣刀，即铣刀的轴向前角和径向前角都是正值。双正前角铣刀在铣削时是两条切削刃相交的刀尖首先接触工件，其特点是铣削轻快、排屑顺利，但切削刃强度较差，通常适用于加工软材料、不锈钢、耐热钢，也可用于加工普通钢和铸铁。一般推荐用于小功率机床、工艺系统刚度不足以及有可能产生积屑瘤的工件。

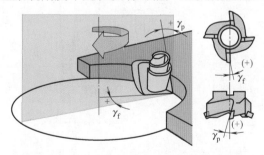

图 1-8　双正前角铣刀（图片源自瓦尔特）

■ 双负前角铣刀

双负前角铣刀是指铣刀的轴向前角和径向前角均为负值的铣刀，如图 1-9 所示。

双负前角铣刀铣削时通常是刀具的前面首先接触工件，因此具有抗冲击能力强的优点，但刀具通常显得不够锋利。双负前角铣刀通常适用于粗铣，用于加工铸钢、铸铁、高硬度钢、高强度钢等。

双负前角铣刀铣削时功率消耗大，一般需要有极好的工艺系统刚度。通常，如果需要使用没有后角的负型刀片，就需要选用双负前角铣刀。

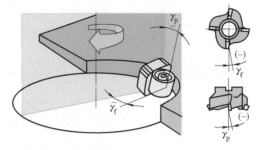

图 1-9　双负前角铣刀（图片源自瓦尔特）

■ 正 / 负前角铣刀

正 / 负前角铣刀是指铣刀的轴向前角和径向前角中一个为正值而另一个为负值的铣刀，如图 1-10 所示。这种前角组合的铣刀在切削时是一条切削刃首先接触工件，它比双正前角铣刀的刀尖接触刃口抗冲击性强，而比双负前角铣刀的前面接触方式更容易切入工件。

正 / 负前角铣刀在市场上应用非常广泛，这种铣刀切削刃抗冲击性较强且较锋利，兼顾了刀具的锋利性和抗冲击能力。这样的铣刀被广泛用于加工钢、铸钢、铸铁，可用于大余量铣削。

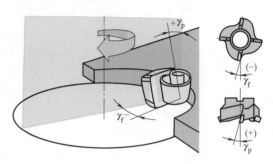

图 1-10　正 / 负前角铣刀（图片源自瓦尔特）

由于工艺需要，市场上的正 / 负前角铣刀基本上都是轴向前角为正值而径向前角为负值的组合，很少会有轴向前角为负值而径向前角为正值的组合。刀具切削时的锋利或耐冲击能力不仅与刀具的前角组合有关，还与刀具的切入位置有关。

图 1-11 反映了不计刀具本身几何角度时，刀具与工件的相对位置与刀具刀齿受力条件的关系。

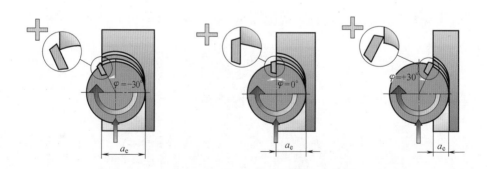

图 1-11　铣刀的位置与铣刀的受力（图片源自山特维克可乐满）

在图 1-11 中，左图中切削宽度 a_e 大于铣刀盘半径 $D_c/2$，在这种情况下，刀具在开始切削时由刀具的前面中间部位首先接触工件，这样的接触方式刀片的耐冲击性强。中图是切削宽度 a_e 等于铣刀盘半径 $D_c/2$，在这种情况下，刀具在开始切削时由刀具的整个前面同时接触工件，这样的接触方式刀片的耐冲击性较强。右图则是切削宽度 a_e 小于铣刀盘半径 $D_c/2$，在这种情况下，刀具在开始切削时由刀具的刀尖首先接触工件，这样的接触方式刀片的耐冲击性较弱。

1.1.3 平均切屑厚度

图 1-12 所示是铣削时切屑状态和平均切屑厚度 h_m 的示意图。铣刀切削时的接触弧长和平均切屑厚度以及切屑的宽度 b_D 的乘积就是刀齿在运转一转中所切除材料的体积，与铣削宽度 a_e 与切削深度 a_p 以及每齿进给量 f_z 的乘积相同。

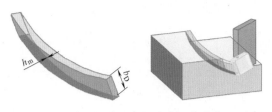

图 1-12　铣削时切屑状态和平均切屑厚度 h_m 的示意图（图片源自瓦尔特）

平均切屑厚度 h_m 是铣削中的一个参考量，对于深入了解铣削状态、提高铣削效率、增加铣刀寿命都有重要的作用。垂直于轴向的径向平面的切削刃接触弧长由接触角 φ_s 和刀盘半径的乘积决定。而接触角，既与刀盘半径与铣削宽度的比值有关（图 1-13a 和图 1-13b），也与刀盘与工件的相对位置有关（偏心铣或对称铣，图 1-13b 和图 1-13c）。

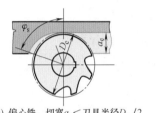 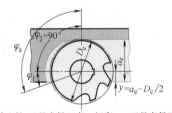 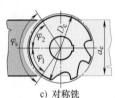

a) 偏心铣，切宽 $a_e <$ 刀具半径 $D_c/2$　　b) 偏心铣，刀具半径 $D_c/2 <$ 切宽 $a_e <$ 刀具直径 D_c　　c) 对称铣

图 1-13　三种不同接触弧长的状态（图片源自瓦尔特）

不同主偏角与平均切屑厚度 h_m 的关系如图 1-14 所示，其他条件固定时，在 90° 主偏角时，平均切屑厚度值最大，随着主偏角的减小、切屑宽度的增加导致切屑厚度减小。当使用圆弧刃时，由于很难界定整个切削刃的主偏角，所以圆刀片的切屑厚度是变化的，其平均切屑厚度则与切削深度 a_p 和刀片直径 d 的比例有关。

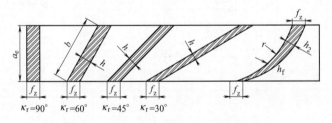

图 1-14　不同主偏角与平均切屑厚度 h_m

铣削时如果想要保持相同的切屑厚度，可通过增加每齿的进给量来实现，具体案例请扫描下方二维码学习。

保持切屑厚度的铣削案例（视频源自山特维克可乐满）

综合铣削宽度与刀具直径的比值和每齿进给量两者的影响，再根据选用的刀具类型，可按照图 1-15 和图 1-16 来计算铣削的平均切屑厚度 h_m。

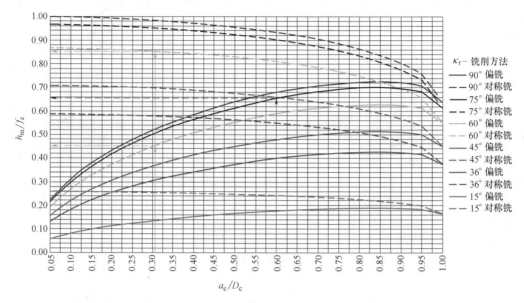

图 1-15　直线切削刃平均切屑厚度 h_m 计算图（图片源自瓦尔特）

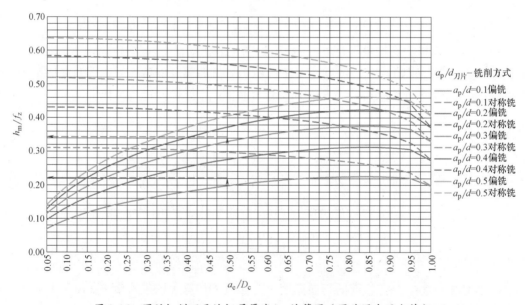

图 1-16　圆弧切削刃平均切屑厚度 h_m 计算图（图片源自瓦尔特）

例如，用一个直径为 100mm，主偏角 75° 的铣刀盘偏心铣平面（D_c=100mm，κ_r=75°），铣削宽度为 60mm（a_e=60mm），每齿进给量设定为 0.15mm（f_z=0.15mm/z），求平均切屑厚度。在这个例子中，已知 a_e=60mm 和 D_c=100mm，因此 a_e/D_c 为 0.6，在图 1-15 中横坐标 0.6 处向上画条线（图中较粗深蓝色向上箭头），向上引至代表 75° 主偏角偏心铣的紫色实线，向左引至纵坐标，可得知这种情况下 h_m 与 f_z 的比值为 0.65，那么 h_m=0.65f_z=0.65×0.15mm=0.0975mm。

又如用直径为 80mm，主偏角 60° 的铣刀盘（$D_c=80$mm，$\kappa_r=60°$）对铣削宽度为 25mm（$a_e=25$mm）的工件进行偏心铣，已知刀片合理的平均切屑厚度 h_m 为 0.1mm，需要得到合理的每齿的进给量 f_z。由上可知 a_e/D_c 为 0.31，在图 1-15 中引绿色粗箭头线至代表 60° 主偏角偏心铣的深黄色实线，向左引至坐标轴得 h_m 与 f_z 的比值为 0.45，则 $h_m=f_z/0.45=0.1$mm/0.45=0.22mm，即合理的每齿的进给量为 0.22mm。如果选择对称铣（粉绿较细箭头线引至深黄色虚线），得 h_m 与 f_z 的比值为 0.85，合理的每齿的进给量为 0.12mm，可见对称铣的加工效率较低。

图 1-16 所示为圆弧切削刃的平均切屑厚度 h_m 计算图。计算举例如下：铣刀直径 80mm（$D_c=80$mm），装直径 16mm（$d=16$mm）的圆刀片，偏心铣削宽度 a_e 为 40mm（a_e/D_c 为 0.5）。第一个是切削深度为 2mm（$a_p=2$mm，$a_p/d=0.125$），在图 1-16 中横坐标 0.5 处向上画一条线（图中有较粗深红色向上箭头线），因为图中没有 $a_p/d=0.125$ 的线，故在代表 a_p/d 为 0.2 的紫色实线和代表 $a_p/d=0.1$ 的蓝色实线间取大约偏蓝色的 1/4 处，以红色粗虚线向左到坐标轴，可得 h_m/f_z 值为 0.22，如果该刀片的切屑厚度的合理值为 0.15mm，f_z 的合理值为 0.15mm/0.22=0.68mm。第二个是切削深度为 5mm（$a_p=5$mm，$a_p/d=0.3125$），绘制较细红色实线到代表 a_p/d 为 0.3 的橙色实线和代表 $a_p/d=0.4$ 的灰色实线间取大约偏橙色的 1/4 处，以红色细虚线向左到坐标轴，可得值为 $h_m/f_z=0.34$，如果该刀片的合理 h_m 值同样为 0.15mm，此时 f_z 的合理值为 0.15mm/0.34=0.44mm。

不同切削刃几何角度的特性和可用性在很大程度上都基于所使用（或设定）的平均切屑厚度，各种使用中的结果（如切削温度、切削力、切屑的形成和排出、刀具寿命、切削刃磨损和振动）受切削刃几何角度和平均切屑厚度相互关系的影响非常大，如果铣削操作者采用与刀具设计相同或相近的切削工况，就更有可能充分发挥出刀具的特性；在不同加工中，即使采用相同的平均切屑厚度，也可以采用不同的每齿进给量来改变加工效率。

1.1.4 铣刀转速计算

通常，刀具厂商会提供推荐的切削速度 v_c，通过切削速度和刀具的直径可以计算出主轴转速。图 1-17 的铣刀转速 n 计算图为这样的计算提供了便利。例如：铣刀直径（或有效直径）为 8mm，需以 300m/min 的切削速度进行加工，计算所需的主轴转速。

在图 1-17 的横坐标上找到代表切削速度为 300m/min 的点，向上引褐色虚线至代表直径 8mm 的绿色实线，然后向左至纵坐标，就可得到主轴转速为 12000r/min。

1.1.5 铣刀冷却结构

铣刀的冷却方式一般分为两种：一种是外冷却方式，另一种是内冷却方式。

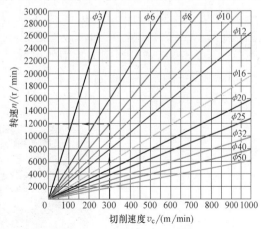

图 1-17 铣刀转速计算图
（图片源自瓦尔特）

■ 常规铣刀的冷却结构

外冷却方式在铣刀上通常不设计冷却结构，而内冷却方式的整体铣刀，一般是在铣刀柄部的端面设计切削液入口，在铣刀的前端设计切削液出口，让切削液直接或较直接地抵达切削刃的附近。图 1-18 是一些常见的带内冷孔的数控铣刀。

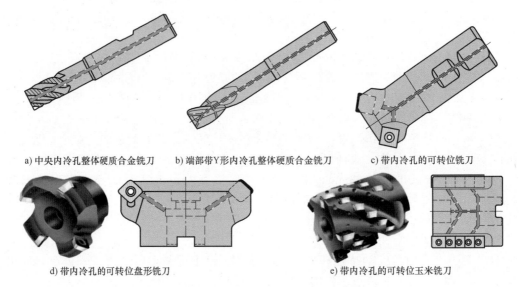

a) 中央内冷孔整体硬质合金铣刀　　b) 端部带Y形内冷孔整体硬质合金铣刀　　c) 带内冷孔的可转位铣刀

d) 带内冷孔的可转位盘形铣刀　　　　　e) 带内冷孔的可转位玉米铣刀

图 1-18　带内冷孔的数控铣刀（图片源自瓦尔特）

■ 高效冷却结构

近年来出现了一些新的、更高效的冷却结构。这些冷却结构大多比较复杂，适用于高强度钢、钛合金、镍基合金等高温合金的铣削。

图 1-19 是瓦尔特黑锋侠玉米铣刀的冷却结构。这种玉米铣刀通过在内冷却孔的前端增加一个螺钉，螺钉上的一个小直径的冷却孔可以增加冷却的压力，从而改善冷却效果。

图 1-20 是瓦尔特推出的 Cryo.tec 玉米铣刀及冷却结构。这种铣刀要在专门的机床上用低温液氮（-196℃）进行冷却。液氮通过主轴、刀柄和刀体内部的管道流动（图 1-20 中的红色箭头），然后通过切削刀片中的出口，到达距剪切面不到 1mm 处。这样的低温冷却液对切削时产生的高温具有超强的冷却能力，可以防止切削热传入刀具切削刃。大量的液氮不但吸收了所有的切削热，还能使刀具、工件和机床都处于低温状态。

图 1-19　瓦尔特黑锋侠玉米铣刀（图片源自瓦尔特）

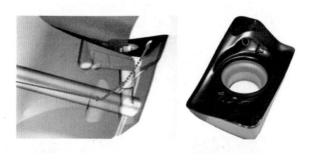

图 1-20　瓦尔特 Cryo.tec 玉米铣刀及冷却结构（图片源自瓦尔特）

比液氮温度稍高的干冰（即固态二氧化碳，-78.5℃）也是一种不错的冷却介质。图 1-21 是瓦尔特的干冰冷却铣刀及冷却结构。

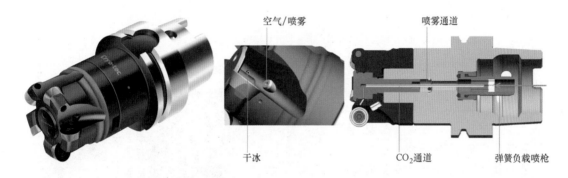

空气/喷雾　　喷雾通道

干冰　　CO_2通道　　弹簧负载喷枪

图 1-21　干冰冷却铣刀及冷却结构（图片源自瓦尔特）

这种铣刀有干冰冷却通道和普通的空气或喷雾冷却通道两路并行，干冰的温度比液氮高，因此能带走的热量也比较少，冷却效果稍差，但加上普通的空气或喷雾冷却，冷却效果还是相当可观的。同时，也正是由于干冰的温度比液氮高，对于一些有冷脆倾向的被加工材料，用干冰冷却不容易带来冷脆的危害。

1.2　铣削策略

1.2.1　一般铣削策略

■ 铣削中的铣刀路径和切屑成形

在铣削中，正确的铣刀路径和切屑成形是确保切削刃安全和保证刀具寿命的重要因素。铣刀的每条切削刃在径向上与工件断续接触，每次接触中有三个不同的阶段需要考虑，即切入、切触弧、切出，如图 1-22 所示。

使用硬质合金刀片时，切入是三个阶段中最不敏感的部分（图 1-23），因为硬质合金能够承受切入零件壁时受到冲击产生的压缩应力。

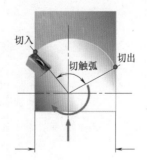

切入　　切出　　切触弧

图 1-22　切入、切触弧、切出（图片源自山特维克可乐满）

关于切触弧：铣槽时，可能的最大切触弧为 $180°$（$a_e=100\%\times D_c$）如图 1-24 所示，精铣时，切触弧可能非常小。注意：不同的径向切深百分比（a_e/D_c）对刀具材质要求也会完全不同，切触弧越大，传递至切削刃的热量就越多，所以切触弧较大时，建议使用 CVD 涂层材质，能够提供很好的热屏障；切触弧较小时，切屑厚度通常较小，建议使用 PVD 涂层材质的切削刃，由于切削刃较锋利，故可以产生更少的热量和更低的切削力。

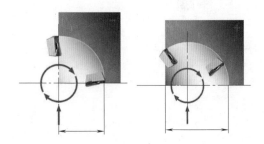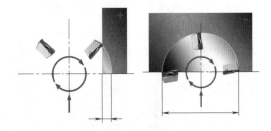

图 1-23　切入（图片源自山特维克可乐满）　　图 1-24　最大切触弧（图片源自山特维克可乐满）

切出是三个阶段中最敏感的部分（图 1-25）。应尽量避免在铣削退刀时形成厚切屑。使用硬质合金刀片时，若形成厚切屑通常会导致刀具寿命大幅缩短，因为在切削终点处，切屑由于缺乏支承导致弯曲，从而在硬质合金上产生可能导致切削刃破裂的张力。

数控编程加工时设置铣刀直接切入工件会导致在退刀时产生厚切屑，这种状况会一直持续到铣刀完全切入（图 1-26）。特别是在加工较硬的钢、钛合金和高温合金时会显著缩短刀具寿命。此外，从振动的角度来看，也必须要求平稳地切

图 1-25　切出（图片源自山特维克可乐满）

入工件。为此可通过两种方法延长刀具寿命：一种是降低进给量，将进给量降低至 50%，直到铣刀完全切入；另一种是采用顺时针圆弧切入法，即在不降低进给量和切削速度的情况下，铣刀顺时针运动，圆弧切入工件（图 1-27）。这意味着铣刀必须顺时针旋转，确保其以顺铣方式进行加工，这样形成的切屑由厚到薄，从而可以减小振动和作用于刀具的拉应力，并将更多切削热传入切屑中。

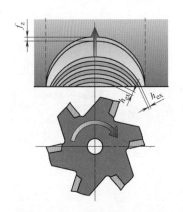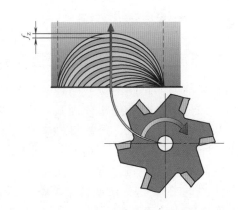

图 1-26　直接切入式（图片源自山特维克可乐满）　　图 1-27　圆弧切入式（图片源自山特维克可乐满）

通过改变铣刀每次切入工件的方式，可使刀具寿命延长1~2倍。为了实现这种进刀方式，刀具路径的编程半径应采用铣刀直径的1/2，并增大从刀具到工件的偏置距离。

虽然顺时针运动圆弧切入法主要用于改进刀具切入工件的方式，但相同的加工原理也可应用于铣削的其他阶段。可以通过扫描右边二维码加深理解。

对于大面积的平面铣削加工，常用的编程方式是让刀具沿工件的全长逐次走刀铣削，（图1-28a），这会导致在退刀时产生厚切屑，这种状况会一直持续到铣刀完全切入。为了消除振动，保证形成的切屑由厚到薄，应采用螺旋下刀和弧形铣削工件转角相结合的走刀方式（图1-28b）。这种方式的一个原则就是使铣刀尽可能保持连续地切削，并尽可能保持同一种铣削方式（例如顺铣）。

值得注意的是，在铣刀走刀路径上，要避免直角拐角而采用弧形的拐角（图1-29）。

铣削中的铣刀路径和切屑成形1
（视频源自山特维克可乐满）

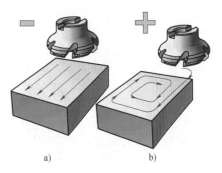

a)   b)

图1-28　大平面铣削方式
（图片源自山特维克可乐满）

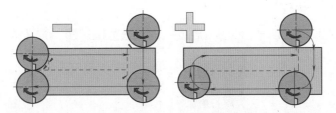

图1-29　走刀路径的直角拐角与弧形拐角（图片源自山特维克可乐满）

铣刀的位置也很重要。要获得方向更加稳定、更加有利的切削力、最大限度地减少振动趋势，需将铣刀的位置偏离中心并向左定位（图1-30），使在进刀时产生较厚的切屑，在退刀时产生薄切屑（顺铣方法）。如果按照中心线对称地定位铣刀（图1-31），在退刀时将产生厚切屑，因此存在更高的振动风险。

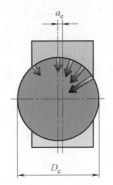

图1-30　铣刀定位偏离中心
（图片源自山特维克可乐满）

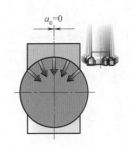

图1-31　铣刀对称定位
（图片源自山特维克可乐满）

为使铣刀保持连续的切削状态，防止切削方向急剧变化，在退刀时产生厚切屑，可以遵照以下优化的建议：围绕所有拐角旋转、切宽 a_e 应为 D_c 的 70%，确保最大限度地覆盖拐角；对于工件上的间断和孔洞，可以采取绕开这些中空元素的走刀路径（图 1-32），围绕外拐角旋转，编程应尽可能绕过间断和孔洞；铣刀直径应比 a_e 大 20%～50%，并应偏离中心定位。如果这种中空无法在走刀路径上避免，只能在包含间断位置的工件区域上进行铣削，须将推荐的进给量减少 50%。可以扫描下方二维码观看以上应用的演示视频，加深理解。

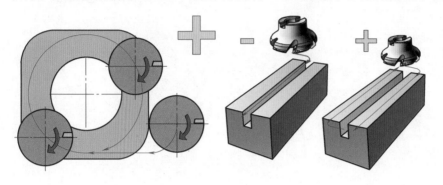

铣削中的铣刀路径
和切屑成形 2
（视频源自山特
维克可乐满）

图 1-32　绕开中空的铣削路径（图片源自山特维克可乐满）

■ 斜坡铣（斜进刀）

斜坡铣是在实体上铣出一个凹的型腔或孔的有效方法。图 1-33 是斜坡铣的示意图。

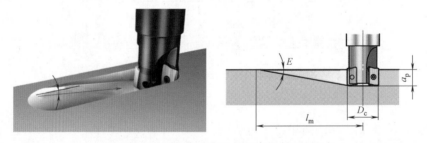

图 1-33　斜坡铣（图片源自山特维克可乐满）

斜坡铣是铣刀在垂直铣刀轴线方向上移动的同时，铣刀沿自身的轴线向下铣削。两者的运动轨迹与常规的铣平面间形成一个 E 角。斜坡铣的最大切削深度与刀片的尺寸有关。如果需要的切削深度超出图示的 a_p 值，则应该先用立铣刀切削至等于 a_p 值的深度，然后以 $\alpha=0°$ 的角度完成一个平面。在这个平面完成后，重新进入下一个循环。

斜坡铣的 E 角受铣刀后角的影响。铣刀后角是铣刀刀体角度与刀片角度合成的角度。通常，平装的负型刀片铣刀大多不能进行斜坡铣，推荐用于斜坡铣的大部分是采用后角较大的刀片，如 15°后角的刀片和 20°后角的刀片，因为采用后角较大刀片时，铣刀的合成后角才会比较大。据经验，允许的斜坡铣 E 角应比铣刀后角至少小 2°。图 1-34 是瓦尔特 F4042 铣刀利用不同刀片时斜坡铣的参数。

■ 插铣

插铣（图 1-35）是铣刀向下铣削，这时铣刀的端齿起切削作用。当刀具悬伸较长时，插铣可在铣深槽、机床功率低或装夹刚度差时作为振动敏感应用的一项解决方案。

实体材料上的坡铣	用F4042/F4042R铣刀坡铣				
	AD.080304 a_{pmax}=8mm	AD.10T3 a_{pmax}=10mm	AD.120408 a_{pmax}=15mm	AD.160608 a_{pmax}=11mm	AD.180712 a_{pmax}=16mm
铣刀直径 D_c /mm	精铣角度 E_{max}/(°)				
10	12.1				
12	9.9				
16	13.7	6.6			
20	8.9	2.9			
25	5.6	2	8.5		
32	3.8	1.4	5.6		
40	2.8	1.1	3.9	5.9	
50	2.2	0.8	2.7	3.9	2.9
63		0.6	2.0	2.6	2.1
80			1.5	1.9	1.5
100				1.5	1.2
120				1.2	0.9
160				0.9	0.7

图 1-34　F4042 铣刀利用不同刀片时斜坡铣的参数（图片源自瓦尔特）

提示：
插铣中向下铣削时，端齿近中心处的实际切削角度会形成负的实际后角，容易造成铣刀端刃近中心处破损。应用插铣还会存在的不足有：在稳定工况下较低的生产率、需要残料铣削／精加工工序、端面切削可能会妨碍排屑、刀具选择范围有限等。

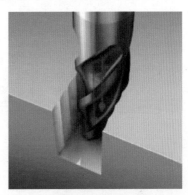

图 1-35　插铣
（图片源自山特维克可乐满）

■ 圆插补／螺旋插补铣

圆插补／螺旋插补铣实质上可以看成是一种斜坡铣的变形，即把原来垂直轴线方向上的直线走刀路线变成沿圆周走刀，如图 1-36 所示。

■ 铣刀中心走刀速度

当铣刀将直线走刀路线变成圆周走刀路线之后，铣刀中心的水平轨迹与铣刀外圆形成的轨迹就产生了差距。这个差距与插补孔／插补外圆的插补方式有关，也与铣刀直径、圆柱的直径有关。

外圆插补计算的图示如图 1-37 所示，计算公式（1-1）如下

图 1-36　圆插补／螺旋插补铣
（图片源自山特维克可乐满）

$$v_{fa} = \frac{(D_w + D_a)nf_z z}{D_w} \qquad (1-1)$$

数控铣削加工基础 | 15

式中，v_{fa} 是外圆插补时铣刀中心水平走刀速度（mm/min）；D_a 是铣刀直径（mm）；D_w 是铣削后的工件直径（mm）；n 是转速（r/min）；f_z 是每齿进给量（mm/z）；z 是齿数。

外圆插补时铣刀中心的水平走刀速度与直线走刀速度的计算公式有些变化，但原理相同。实际的切削宽度与原来的切削宽度也有些变化，其计算公式（1-2）如下

$$a_e = \frac{D_v^2 - D_w^2}{4(D_w + D_a)}$$（1-2）

式中，D_v 是毛坯外圆直径（mm）；其他变量的含义见公式（1-1）的说明。

内孔插补计算的图示如图 1-38 所示，计算公式（1-3）如下

$$v_{fi} = \frac{(D_w - D_a)nf_z z}{D_w}$$（1-3）

式中，v_{fi} 是内孔插补时铣刀中心的水平走刀速度（mm/min）；其他变量的含义见式（1-1）的说明。

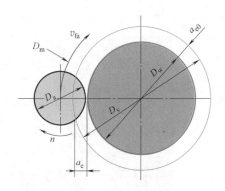
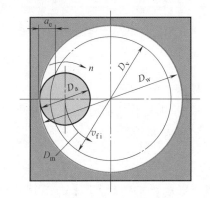

图 1-37 外圆插补计算 　　　　　图 1-38 内孔插补计算
（图片源自瓦尔特） 　　　　　　（图片源自瓦尔特）

采用内孔插补时，实际的切削宽度 a_e 与原来的切削宽度也有些变化，其计算公式（1-4）如下

$$a_e = \frac{D_w^2 - D_v^2}{4(D_w - D_a)}$$（1-4）

式中，D_v 是毛坯内孔直径（mm）；其他变量的含义见公式（1-1）的说明。

以上所述的铣刀中心的水平走刀速度是编程时的走刀速度，实际加工中受加工设备的影响会有所变化。

除了标准的外圆插补和内孔插补之外，有些型腔的拐角处，也是内孔插补的一部分。型腔圆角的加工经常会有局部负荷过重的情况。

传统的圆角铣削方法（图 1-39）可能使负荷非常重。例如，当圆弧半径等于铣刀半径时（圆弧半径 =50%×D_c），如果直边的切削宽度为铣刀直径的 20%，那么到了拐角处，切削宽度会增加到铣刀直径的 90%，刀齿的接触弧圆心角将达到 140°。这样，通常加工过程会切削速度变得不稳定，从而产生振动，使刀具存在崩刃或断裂的风险，并且不稳定的切削力也会造成拐角处的过切。

其解决方案是限制接触弧。一种是增大编程半径（圆弧铣）来减少接触弧及径向切

宽，以减少振动。推荐铣刀的直径为圆弧半径的 1.5 倍（圆弧半径 $=75\% \times D_c$），例如半径为 20mm 的圆弧适合用 30mm 左右的铣刀。这样，最大的铣削宽度从原先铣刀直径的 90% 减到了铣刀直径的 55%，刀齿的接触弧圆心角也减少到 100°，如图 1-40 所示。

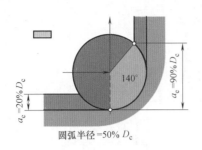

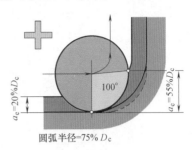

图 1-39　传统圆角铣削
（图片源自山特维克可乐满）

图 1-40　优化的圆角铣削
（图片源自山特维克可乐满）

另一种是使用直径较小的铣刀铣削所需的拐角半径（图 1-41）。在将铣刀直径减小到圆弧半径（圆弧半径 $=100\% \times D_c$，也就是半径为 40mm 的圆弧适合用半径 20mm 左右的铣刀）。这样的话，最大的铣削宽度进一步减到铣刀直径的 40%，刀齿的接触弧圆心角也减少到 80°。

山特维克官网推荐粗加工最佳编程半径为 $50\% \times D_c$。对于精加工，未必总能有这么大的圆弧半径；但是，铣刀直径应不大于 1.5 倍的零件拐角半径，例如圆弧半径是 10mm，那么刀具的最大直径为 15mm。

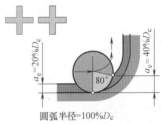

图 1-41　进一步优化的圆角铣削
（图片源自山特维克可乐满）

■ 内孔插补与铣刀直径

在实体材料上做内孔插补加工时，铣刀的直径选择需要特别注意，过大或过小的铣刀直径都会产生问题。图 1-42 是铣刀做内孔插补时，铣刀直径与内孔直径关系的示意图。

要实现实体平底孔的铣削，铣刀直径应大于被加工孔的半径。如果铣刀直径过小，中间会产生一个剩余的柱子（图 1-42b）。

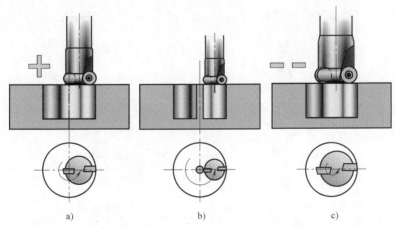

a)　　　　　　　b)　　　　　　　c)

图 1-42　内孔插补铣时铣刀直径与内孔直径关系的示意图（图片源自山特维克可乐满）

当铣刀直径等于被加工孔的直径的一半时，圆刀片或圆角刀片铣刀在完成圆周走刀后会留下一个红色的钉状凸起（图 1-43 的红色部分）。

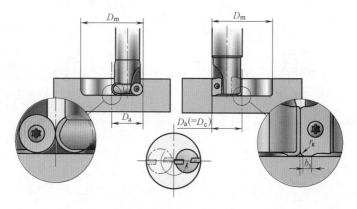

图 1-43   内孔插补铣的铣刀直径等于被加工孔的直径的一半时
（图片源自山特维克可乐满）

只有铣刀端齿的最高点超过铣刀的中心时，这个钉状凸起才能被避免，如图 1-44 所示。我们通过公式计算得到一个较平整的孔底，也就是铣刀加工时能覆盖铣刀刀片的圆角可能留下的钉状凸起。其计算公式（1-5）如下

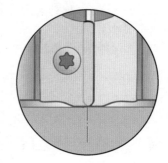

$$D_{mmax} = 2(D_c - r_\varepsilon) \tag{1-5}$$

式中，D_{mmax} 是铣刀能插补的最大内孔直径（mm）；D_c 是铣刀直径（mm）；r_ε 是铣刀刀片刀尖的圆角半径（mm）。

被插补孔的直径与铣刀直径也不能太接近，两者尺寸过于接近会造成孔底部的飞边（图 1-45 底部红色部分）。若要避免飞边，就需要适当加大铣刀直径，如图 1-46 所示。直径为 D_c 的铣刀能插补的最小内孔直径 D_{mmin} 由下式确定

图 1-44   避免钉状凸起
（图片源自山特维克可乐满）

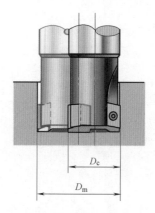

图 1-45   内孔插补铣的飞边
（图片源自山特维克可乐满）

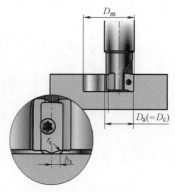

图 1-46   避免飞边
（图片源自山特维克可乐满）

$$D_{m\min} = 2(D_c - r_\varepsilon - b_s) \qquad (1\text{-}6)$$

式中，$D_{m\min}$ 是铣刀能插补的最小内孔直径（mm）；D_c 是铣刀直径（mm）；r_ε 是铣刀刀片刀尖的圆角半径（mm）；b_s 是铣刀刀片修光刃长度（mm）。

因此，直径为 D_c、刀片刀尖的圆角半径为 r_ε、刀片修光刃长度为 b_s 的铣刀能插补的内孔直径应介于 2（D_c-r_ε-b_s）和 2（D_c-r_ε）之间，也就是说，铣刀仅走圆形插补就能加工出的平底不通孔很少，其范围仅相当于两个修光刃长度。以刀尖圆角半径 r_ε=0.8mm、修光刃长度 b_s=1.2mm 的圆角铣刀为例，不同直径的铣刀可插补的不通孔尺寸限制见表 1-1。

表 1-1　插补不通孔的尺寸限制

铣刀直径 D_c/mm	插补不通孔最小直径 $D_{m\min}$/mm	圆形插补不通孔最大直径 $D_{\max1}$/mm	圆形 + 直线插补不通孔最大直径 $D_{\max2}$/mm
20	36	38.4	56.8
25	46	48.4	71.8
32	60	62.4	92.8
40	76	78.4	116.8
50	96	98.4	146.8
63	122	124.4	185.8
80	156	158.4	236.8
100	196	198.4	296.8

需要注意的是钉状凸起只对不通孔的插补有影响，而且仅限于只使用纯圆周插补的方式。如果采用插补内孔型腔铣切入方法来插补不通孔内孔，则插补铣削只受最小直径的影响，而对最大直径没有限制。

■ 插补内孔型腔铣削切入方法

插补内孔型腔铣削切入方法有两种明确的策略：一种是圆弧坡走铣（3 轴）。此种方法用较小的 a_p，并能够实现较好的金属去除率，适用于不太稳定的机床（根据 ISO 40 标准）以及阀腔等具有异形形状模具的加工插补内孔型腔铣的走刀路径也应按本节"铣削切入方法"部分的要求，采用弧线切入方法，如图 1-47 所示。

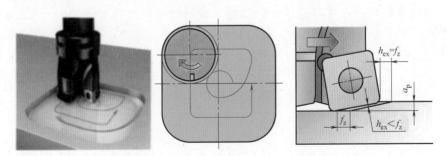

图 1-47　圆弧坡走铣（3 轴）（图片源自山特维克可乐满）

另一种是圆弧铣（2 轴），先钻一个孔，然后改用方肩立铣刀或长刃铣刀进入所钻的孔，用较大的 a_p 沿着圆弧路径进行铣削，如图 1-48 所示。铣削时要确保良好的排屑以防止切屑二次切削或堵屑。

  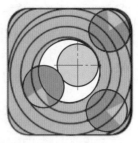

图 1-48　圆弧铣（2 轴）（图片源自山特维克可乐满）

■ 薄壁／薄底／夹具刚度差时减小振动的铣削策略

在铣削中，可能因切削刀具、刀柄、机床、工件或夹具的局限性而产生振动，要想减少振动，需要考虑一些策略。

薄壁指与铣刀轴线平行方向的小尺寸和与铣刀轴线垂直方向的大尺寸（图 1-49）。薄底是指与铣刀轴线平行方向的大尺寸和与铣刀轴线垂直方向的小尺寸（图 1-50）。

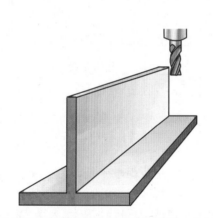

图 1-49　薄壁（图片源自山特维克可乐满）

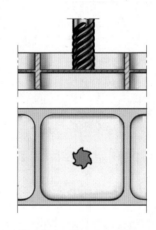

图 1-50　薄底（图片源自山特维克可乐满）

对薄壁铣削的建议是在高速铣削的条件下对薄壁两侧交替实施铣削。图 1-51 是薄壁铣削的示例。先切标号为 1 的区域，此时对侧标号 2 的区域尚未被切除，能起到抵抗铣削标号 1 时的切削力；然后刀具移到对侧，切削标号 2 的区域，这一区域的切削深度比切标号 1 时大一倍，而这时标号 2 的对侧标号 3 的区域也没被切除，能起到抵抗铣削时根部处的切削力；后面的各刀都是在整个切削深度的下半部分有对面未被切除的那部分材料在起支承作用。

图 1-52 是薄底铣削的示例。在薄底铣削时应以大的切削深度和小的切削宽度（步距）由内向外螺旋走刀；建议切削深度应控制在切削宽度的 10 倍以上；用这样的走刀策略，使铣刀边上未被切除的部分能对铣削时底部的变形起牵制作用，以顺利完成薄底的铣削任务。在薄底铣削时，如果待铣削表面的对侧面是凹槽时（如图 1-52 下面的凹槽），应该使用最少数量切削刃（如 2 齿铣刀）。如果零件在底座中心有一个孔，应在加工第一侧时将一支承腿留在原位，然后加工第二侧，在两侧都加工完成之后再去除支承腿。

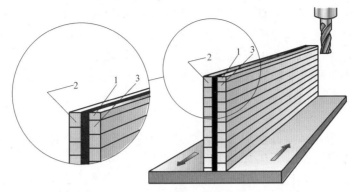

图 1-51　薄壁铣削（图片源自山特维克可乐满）

　　图 1-53 是夹具刚度较差时示例，要考虑以下几点：①夹具应接近机床工作台；②朝向机床 / 夹具强度最高的位置优化刀具路径和进给方向，以获得最稳定的切削条件；③避免沿着工件未受到充分支承的方向加工；④当夹具或工件在某个特定方向上的刚度较差时，逆铣能够减少振动。

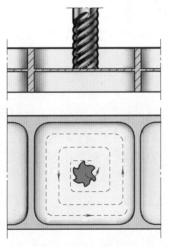

图 1-52　薄底铣削
（图片源自山特维克可乐满）

图 1-53　夹具刚度较差时
（图片源自山特维克可乐满）

1.2.2　立体曲面铣削策略

　　立体曲面（又称三维曲面或 3D 曲面）加工是复杂的型面加工。由于立体曲面形状的复杂性，给加工余量、切屑图形、几何角度等许多方面都带来了变化，这些变化需要用一些比较特殊的策略来对待。比如在 4 轴或 5 轴机床中应使用先进的软件和编程技术执行精加工工序，这样能够显著缩短甚至完全消除手动操作所耗费的时间，最终将得到几何精度更好、表面结构质量更高的产品。

　　一般在粗加工和半精加工时选用圆刀片铣刀和大圆角铣刀，在精加工和超精加工时选用球头立铣刀和圆角立铣刀。如有条件尽量使用经过优化的切削刀具。

　　曲面铣削时还应仔细研究零件的轮廓，以选择适当的刀具并找到最合适的加工方法。首先，确定最小刀尖圆弧半径和最大型腔深度，预估材料去除量，考虑刀具装夹和工件夹紧方式以避免振动。其次，所有加工都应在经过优化的机床上执行，以实现良好的轮廓几何精度，也可以通过使用单独的精密机床执行精加工和超精加工工序，可减少或在某些情况下消除对耗时的手工抛光的需求。最后建议使用整体硬质合金立铣刀和高速加工技术进行光整加工，并得到尽可能好的表面质量。

■ 减少振动

在深腔曲面铣削中减少振动常用的方法是减少切削深度、降低切削速度或进给。山特维克官网的应用技术中有以下几个建议。

1）使用具有良好跳动精度的刚性模块化刀具，模块化刀具能够提高灵活性和可能的组合数量。

2）当主轴端面切削刃的刀具总长超过刀杆直径的 4～5 倍时，使用减振刀具或加长杆（如果必须从根本上增加抗弯刚度，则应使用由重金属制成的加长杆）。

3）如果主轴转速超过 20000r/mim，则使用调校过动平衡的切削刀具和刀柄。

4）选择相对于铣刀直径尽可能大的加长杆和接杆直径。

5）使用带避空的铣刀，刀柄与切削刀具之间存在 1mm 的避空便已足够。

6）插铣是一种替代使用超长刀具进行铣削的方法。

7）需要保证较高生产率时，可以从最短的加长杆开始逐渐加长刀具长度，根据每种刀具长度调整切削参数，以保持最高生产率。

■ 有效直径 D_{cap}

使用球头立铣刀或圆刀片铣刀的公称直径值计算刀具的切削速度时，如果切削深度 a_p 较浅，实际的切削速度 v_c 将低得多，工作台进给和生产率将严重受限。所以真实的切削速度必须重视，要根据参与切削的实际或有效直径 D_{cap} 计算切削速度（单位为 m/min），见公式（1-7）。

$$v_c = \frac{\pi n D_{cap}}{1000} \tag{1-7}$$

图 1-54 是几种常用刀具的真实切削速度的对比示意图。

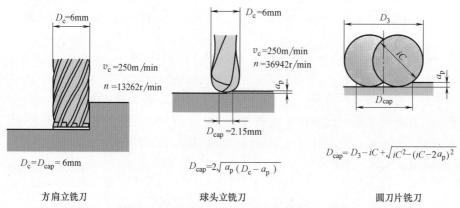

图 1-54 真实切削速度的对比示意图（图片源自山特维克可乐满）

使用球头立铣刀时，切削刃的最关键区域是刀具中心，此处的切削速度 $v_c = 0$，不利于切削过程的进行。由于横刃处的空间较窄，刀具中心的排屑至关重要，因此，建议将主轴或工件倾斜10°~15°，以使切削区域远离刀具中心，如图1-55所示。

使用圆刀片铣刀或球头立铣刀以较小的切削深度铣削时，切削刃的吃刀时间较短，因此可提高切削速度。切削区域的热传播时间变短，即切削刃和工件都保持较低的温度，此外，由于切屑减薄效应，还可增加每齿的进给量。在切深较小时倾斜铣刀可以提高切削速度的可能性，这是使用倾斜铣刀的优势，如图1-56所示。

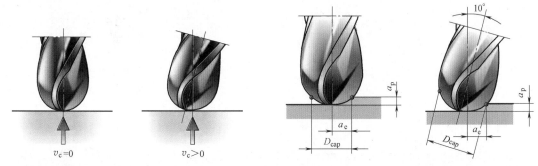

图1-55 倾斜铣刀（图片源自山特维克可乐满）　　　图1-56 球头立铣刀的切深较小时倾斜铣刀
（图片源自山特维克可乐满）

■ 恒定加工余量

恒定加工余量是在曲面铣中实现稳定的高生产率的基本准则之一。特别是在高速加工时，为了在这些工序中达到最高生产率（在模具制造中比较常见），根据具体的工序调整铣刀尺寸非常重要。

恒定加工余量的主要目的是尽量减少所用刀具的工作负载和方向变化。与每种工序中自始至终仅使用一种直径的铣刀相比，由大到小逐步减少铣刀的尺寸通常更有利，特别是在轻载粗加工和半精加工中。

当先前的工序留出的加工余量尽可能少且恒定时，可实现最佳的精加工质量。一些半精加工工序以及几乎所有精加工工序都可在部分有人值守（有时甚至无人值守）的情况下进行。而且恒定加工余量对机床导轨、滚珠丝杠和主轴轴承的负面影响更少。

■ 均匀的加工余量

从实心工件铣削型腔时，重要的是选择一种能够最大限度地减少切削深度a_p，同时为后续精铣工序留出恒定加工余量的方法。立铣刀或长刃铣刀一般会留出阶梯状的加工余量，加工时会产生变化的切削力和刀具偏斜，结果是留出的加工余量不均匀，影响最终形状的几何精度，如图1-57所示。使用圆刀片铣刀将在两次走刀之间实现平滑过渡，并为精铣工序留出更小、更均匀的加工余量，从而得到更好的零件精度，如图1-58所示。使用高进给铣刀铣削型腔，由于切削深度小，将实现小而均匀的加工余量，即小台阶，如图1-59所示。

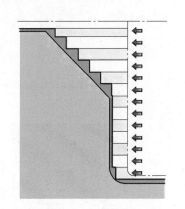

图1-57 立铣刀或长刃铣刀铣削型腔
（图片源自山特维克可乐满）

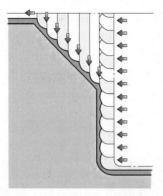

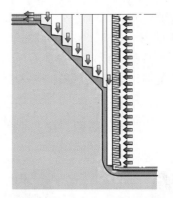

图 1-58　圆刀片铣刀铣削型腔
（图片源自山特维克可乐满）

图 1-59　高进给铣刀铣削型腔
（图片源自山特维克可乐满）

■ 曲面表面结构

使用倾角约为 10° 的铣刀沿两个方向顺铣，可确保良好的表面质量和可靠的性能。（图 1-60）

球头立铣刀或大圆角切削刃将加工出具有一定尖顶高度 h 的表面，具体取决于切削宽度 a_e 和每齿进给量 f_z（切削深度 a_p 也是重要因素之一，因为切削深度 a_p 会影响刀具的跳动）。在粗加工和中等粗加工中如果每齿进给量 f_z 比切削宽度 a_e 和切削深度 a_p 小得多，则加工出的表面在进给方向上的尖顶高度也将小得多（图 1-61）。

图 1-60　铣刀倾斜 10°
（图片源自山特维克可乐满）

在精加工和超精加工中加工出在所有方向上都对称的光滑表面结构，对后道各种抛光工序都是十分有利的，采用 $f_z \approx a_e$ 时可实现这一点（图 1-62）。

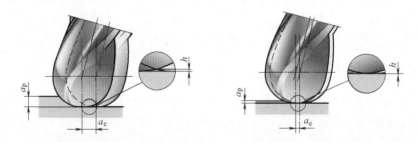

图 1-61　进给方向的尖顶高度减小（图片源自山特维克可乐满）

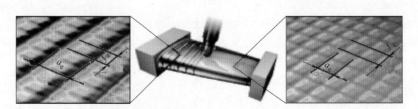

图 1-62　精加工和超精加工（图片源自山特维克可乐满）

提示：

在超精加工中，务必使用倾斜两齿铣刀，以获得最佳的表面结构。

■ 等高铣 / 攀岩铣

图 1-63a 是一个简单的立体曲面铣削示意图。曲面虽然不复杂，但其走刀路径可以有多种选择。如果使用的是 3 轴联动以上的机床，选择的面更广，可采用如图 1-63b 所示的带小斜度、近似等高线的走刀路径（等高线本是地图标示用的，立体曲面铣借用了这个概念），在 3 轴联动或更多联动轴的机床上，推荐用带小斜度的、近似等高线的走刀路径，且推荐采用顺铣的方式。这样切入切出的次数更少，而且能使切削更加平稳。但如果只是二轴联动的数控机床，通常只有等高铣（图 1-64a 中红色轨迹）和攀岩铣（图 1-64b 中红色轨迹）两种可选择的铣削方式。

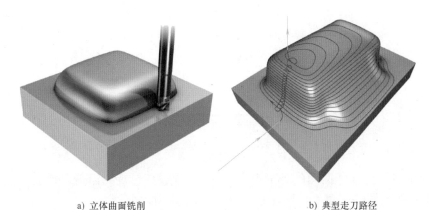

a) 立体曲面铣削　　　　　　　　　b) 典型走刀路径

图 1-63　立体曲面铣削及典型走刀路径（图片源自山特维克可乐满）

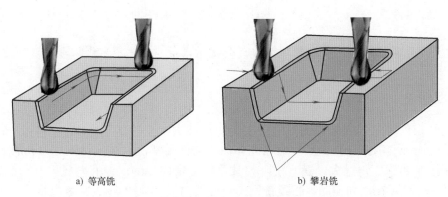

a) 等高铣　　　　　　　　　b) 攀岩铣

图 1-64　等高铣和攀岩铣（图片源自瓦尔特）

攀岩铣是用类似于攀岩者的轨迹，在垂直于等高线的方向上沿着曲面切削。在攀岩铣的过程中，向下的陡坡（图 1-65）和拐角（图 1-64b 中的蓝色箭头）都易产生形状误差，特别是使用高速加工技术时更易产生。向下的陡坡极易造成球头铣刀的球头刃口接近圆周刃口处的崩刃，主要是由于此处的刀具切削工作角度与静态角度相比有了极大的变化，铣刀的轴向工作前角变得很大，后角极有可能变成负值，甚至是不小的负值。因此，在铣削时常用的应对方法是向下的陡坡铣必须降低进给值，如图 1-66 所示。最好是机床配备的软件具有预见功能，通过使用预见功能进给速度控制，否则，降低进给速度也不足以避免刀具中心损坏。

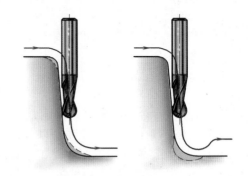

图 1-65　攀岩铣底部拐角
（图片源自山特维克可乐满）

　　攀岩铣的刀具路径通常是逆铣与顺铣的组合，需要进行许多次不利的斜插铣和斜拉铣，每次斜插和斜拉都意味着刀具将发生偏斜，从而在零件表面留下痕迹，同时铣刀切向侧壁时将出现较大的接触长度，这会带来偏斜、振动或刀具破裂的风险，所以应尽可能避免沿着陡壁进行攀岩铣削。

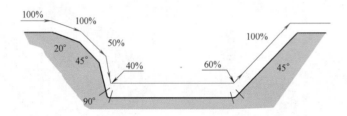

图 1-66　攀岩铣的每齿进给量与进给方向的关系（图片源自山特维克可乐满）

　　等高线铣就是将立体曲面的外形视作立体的"地貌"，铣刀沿着"地貌"的等高线进行铣削。但在等高线的拐角处，应注意有突变的局部大余量。

　　下面介绍采用摆线铣、片皮铣或动态铣的方式解决等高线铣时拐角处突变的局部大余量。

> 提示：
> 每一个等高线铣削完成后开始新的一个等高线加工时，都采用弧形切入的方式。

■ 摆线铣

　　摆线铣是处理铣削立体曲面时一些突变的局部大余量的加工方式。图 1-67 是摆线铣的示意图。这种铣削方法是为了应对在立体曲面的铣削中，因实体材料对刀具的"包围"，造成刀具接触的圆心角过大。摆线铣时刀具总体上是向前的，但有时候刀具却是在后退，同时刀具的轴线还在横向摆动，摆线铣铣刀中心线的运动轨迹如图 1-68 所示。

　　在加工条件不良的部位，可通过摆线铣快速去除余量，而在其他部位铣刀可采用常规铣削方法加工。图 1-69 是典型的适合用摆线铣加工的零件。在此零件的部分位置中如果只用传统加工方法，铣刀的受力不均或是由于多次全程走刀浪费了加工工时。通过摆线铣，这些问题可以得到有效解决。

　　一般而言，铣刀中心线的摆动宽度在 0.2～1 倍的铣刀直径。换言之，摆线铣时，加工的宽度为铣刀直径的 1.2 ~ 2 倍。建议摆线铣时铣刀轴线的进给量是铣刀直径的 0.2 ~ 0.8 倍。

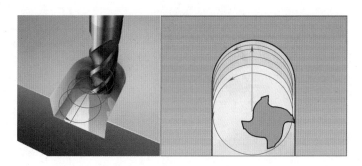

图 1-67 摆线铣（图片源自山特维克可乐满）

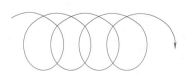

图 1-68 摆线铣铣刀中心线轨迹

图 1-69 典型的适合用摆线铣加工的零件

■ 片皮铣

片皮铣（图 1-70）又称削皮铣或切片铣。它通常以常规切削速度，很小的切削宽度（径向切削深度多为铣刀直径的 1% ~ 10%），较大的切削深度来完成。与摆线铣类似，片皮铣也是为了快速切除毛坯上余量较大的部分。内圆角的常规铣削接触圆心角很大，刀具负荷重（图 1-70c）。当采用片皮铣的方法时，通过多次局部薄切削层的层层切削，径向切削力小，对稳定性要求不高，而且能够允许使用较大的切削深度。

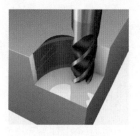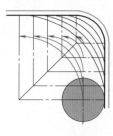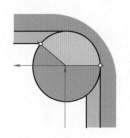

a) 片皮铣示意图   b) 片皮铣走刀   c) 常规铣削

图 1-70 片皮铣（图片源自山特维克可乐满）

习题

一、单选题

1. 铣削工件的宽度是 56mm，选直径（　　　）的面铣刀加工较合理。

A. 63mm　　　　　　B. 80mm　　　　　　C. 100mm　　　　　　D. 120mm

2. 键槽铣刀的主偏角是（　　　）。

A. 20°　　　　　　B. 70°　　　　　　C. 不好界定　　　　　　D. 90°

3. 在超精加工中，务必使用倾斜（　　　）铣刀，以获得最佳表面结构。

A. 两齿　　　　　　B. 三齿　　　　　　C. 四齿　　　　　　D. 多齿

4. 在加工条件不良的部位，可通过（　　　）快速地去除余量，而在其他部位铣刀可采用常规切削的方法加工。

A. 往复铣　　　　　　B. 跟随铣　　　　　　C. 周边铣　　　　　　D. 摆线铣

5. 当采用（　　　）的方法时，通过多次局部的薄切削层的层层切削，径向切削力小，对稳定性要求不高，而且能够允许使用较大切削深度。

A. 片皮铣　　　　　　B. 往复铣　　　　　　C. 跟随铣　　　　　　D. 周边铣

6. 常用键槽铣刀的轴向径向前角是（　　　）。

A. 双负前角　　　　　　B. 双正前角　　　　　　C. 正 / 负前角

二、填空题

1. 每次刀具和工件接触时，会经历＿＿＿＿＿＿、＿＿＿＿＿＿、＿＿＿＿＿＿三个阶段，＿＿＿＿＿＿是三个切削阶段中最敏感的部分。

2. 为了消除振动，保证形成的切屑由厚到薄，应采用＿＿＿＿＿＿下刀和弧形铣削工件转角相结合的走刀方式，通常效果更好。这种方式的一个原则就是使铣刀尽可能保持＿＿＿＿＿＿的切削，并尽可能保持同一种铣削方式（例如顺铣）。

3. 对工件上的间断和孔洞，可采取绕开中空元素的走刀路径，围绕＿＿＿＿＿＿旋转、编程应尽可能绕过间断和孔洞。

4. 斜坡铣大部分是采用后角较大的刀片，如 15°后角的刀片和 20°后角的刀片，因为采用较大后角刀片时，铣刀的合成后角才会比较大。根据经验，允许的斜坡铣 E 角应比铣刀后角至少＿＿＿＿＿＿2°。

5. 插补内孔型腔铣切入方法有两种明确的策略：一种是圆弧坡走铣（3 轴）。用＿＿＿＿＿＿的 a_p，能够实现出色的金属去除率。另一种是圆弧铣（2 轴），先钻一个孔，然后改用方肩立铣刀或长刃铣刀进入所钻的孔，用＿＿＿＿＿＿的 a_p 沿着圆弧路径进行铣削，但铣削时要确保良好排屑以防止切屑二次切削或堵屑。

6. 使用圆刀片铣刀或球头立铣刀以较小的切削深度时，切削刃的吃刀时间较短，因此可提高切削速度 v_c。切削区域的热传播时间变短，即切削刃和工件都保持较低的温度，此外，由于切屑减薄效应，还可增加每齿进给量 f_z。在 a_e/a_p 较小时，倾斜铣刀可提高切削速度，这是使用倾斜铣刀的＿＿＿＿＿＿。

三、计算题

1. 键槽铣刀直径 10mm，宽度 4mm，每刃进给量 0.2mm。请计算它的平均切屑厚度。

2. 使用直径 12mm 的球头立铣刀，如果切削深度 a_p=0.5mm，设定切削速度 v_c=200m/min，请分别计算参与切削的有效直径 D_{cap} 和实际切削速度。

3. 三刃铣刀直径 12mm，转速 5000r/min，每齿进给量 0.08mm/z，请分别计算外圆和内孔直径都是 60mm 并且余量都是 2mm 时，铣刀中心的水平走刀速度和实际的切削宽度 a_e。

项目2　NX 多轴铣削加工基础

【学习目标】

知识目标
- ☐ 掌握常用铣削加工技术
- ☐ 掌握投影法原理及常用加工参数
- ☐ 掌握驱动方法及常用加工参数
- ☐ 掌握投影矢量及常用加工参数
- ☐ 掌握刀轴参数在固定轴曲面轮廓铣和可变轴曲面轮廓铣加工中的应用

技能目标
- ☐ 能运用常用铣削加工技术完成特定部件的 3+2 数控加工刀轨的编制
- ☐ 能运用常用铣削加工技术完成特定部件的多轴联动数控加工刀轨的编制

　　NX 铣加工包括创建铣削的工序和参数。铣削加工中存在的工序有平面铣工序、型腔铣工序和面铣工序等。

　　创建的工序类型取决于想执行的加工类型和加工的几何体（图 2-1）。

图 2-1　铣削加工（图片源自 Siemens 帮助文档）

在铣削模块中可以：

- 为粗加工和精加工工序创建刀轨。
- 创建切削刀具。
- 指定进给率和进给速度。
- 指定固定或可变刀轴。
- 设置不同铣削工序的公共参数。

提示：

基本的加工逻辑——只要定义明确的加工范围，软件就可以生成刀轨。

软件操作流程可扫描下面二维码进行学习。

1

2

软件操作流程简介

使用 mill planar 工序类型可加工带竖直壁或刀轴平行壁的部件[一]，边界处可包含很多刀轨，刀轨可能以单刀路、多刀路或腔的整个内部进行切削（图 2-2）。

如图 2-3 所示，毛坯边界定义要去除的材料，部件边界定义完成件的轮廓，底面定义刀轨的最终深度。同时可以从面、曲线、边或点选择边界，边界与选定的几何体关联。

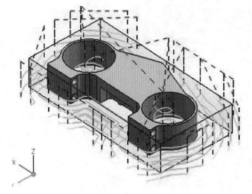

图 2-2　平面铣 1
（图片源自 Siemens 帮助文档）

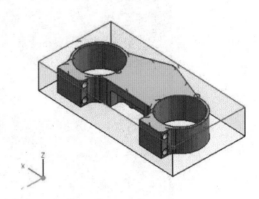

图 2-3　平面铣 2
（图片源自 Siemens 帮助文档）

在平面铣工序中可以：

- 从面、边、曲线和点创建边界以包含刀轨。
- 选择底面作为刀轨的最终深度。
- 使用平面铣工序的各种独特方法选择切削层。
- 使用腔加工方法或通过沿部件边界创建轮廓切削，将材料作为切削体除去。
- 平面铣工序为型腔铣工序生成基于层的 IPW（过程工件）。

提示：

平面铣只能用于加工垂直于刀轴的平面和直壁，所以要选择与刀轴垂直的面作为底面，最终确定加工深度。

所有几何体都是由边界来定义的，与三维实体无关，工件中的设置只是用于进行刀轨动态模拟，过切检查等。

毛坯边界：定义去除材料的范围和初始下刀高度。

部件边界：定义保留材料的范围，注意刀具侧的内侧与外侧（12.0 版本以后），如果选择刀具侧为内侧，则选择边界的内侧向下的材料全部去除，只保留边界外侧的材料；如果选择刀具侧为外侧，则选择边界的外侧向下的材料全部去除，仅保留边界内侧的材料。

修剪边界定义的范围可参考毛坯边界，检查边界定义的范围参考部件边界。

平面铣的缺点是需要定义多个边界，而且只能加工平面，优点是可以精确跟随轮廓，不会产生过切或者欠切，具有更高的精度，适用于轮廓的精加工。

一　为与软件一致，本项目中所有的"零件"均统一为"部件"。

详尽的平面铣加工技术可从左到右依次扫描下面二维码进行学习。

1　　　　　　2　　　　　　3　　　　　　4

平面铣教学

2.3　面铣加工技术

使用面铣工序加工平面。

创建面铣工序时，必须选择面、曲线或点来定义垂直于待切削层处刀轴的平面边界。由于面铣是在相对于刀轴的平面层去除材料，因此不平的面以及垂直于刀轴的面被忽略。对于每个指定的要加工的切削区域，追踪都将从几何体创建，然后在不过切部件的情况下标识区域并切削，如图 2-4 所示。

在所有面铣工序中，都可以执行以下操作：

· 简化切削模式的形状。

· 使用混合切削模式选项对多个面使用不同的切削模式。

· 使用手动切削模式选项创建定制切削模式。

· 控制刀具切削到部件边缘深度。

· 应用独立于部件余量的壁余量。

· 延伸刀轨到部件轮廓。

· 光顺刀轨。

· 合并两个刀轨。

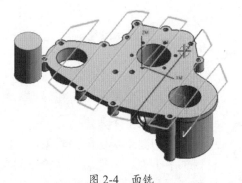

图 2-4　面铣

（图片源自 Siemens 帮助文档）

面铣在特定的限制内可用于型腔加工。

提示：

面铣定义的几何体是三维实体模型，而不是二维边界线。

当三维实体模型为加工零件时，选择面所在的实体识别为部件几何体，加工时会自动检查与其相邻的几何体而不发生过切。

面铣是指定一个面边界，确定加工范围，再指定毛坯距离确定去除材料量的快捷方法。

详尽的面铣加工技术可从左到右依次扫描下面二维码进行学习。

1   2   3

面铣加工技术

2.4 型腔铣加工技术

型腔铣工序可用于大量去除材料，型腔铣对于粗切部件（如冲模、铸造和锻造）是理想的选择，型腔铣工序在垂直于固定刀轴的平面层切除材料，部件几何体可以是平的或带轮廓的，如图 2-5 所示。

在型腔铣工序中，首先应指定部件和毛坯几何体，NX 执行以下操作：

· 在最高和最低切削层设置毛坯几何体的顶部和底部。

· 在定义的切削层创建一个或多个垂直于刀轴的平面。

· 在切削层平面和几何体之间创建相交曲线或轨迹。

· 在各切削层创建切削模式。

· 合并不同切削层的进刀和退刀。

使用 IPW 时，NX 会：

· 保留已切削或未切削的对象。

· 提供用于刀具夹持器碰撞检查的高级功能。

· 允许查看当前工序所去除的材料。

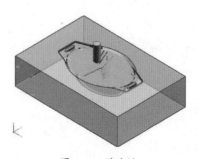

图 2-5 型腔铣
（图片源自 Siemens 帮助文档）

> 提示：
> 型腔铣不仅可以利用实体进行定义加工的几何体，还可以利用片体小平面体表面、表面区域以及曲线进行定义。
> 部件几何体是必须要定义的几何体。
> 对于上表面平行于 XY 平面的型腔凹件，只定义部件几何体，可以不指定毛坯几何体，即可进行型腔件的粗加工。
> 在使用轮廓加工切削模式时，只定义部件几何体，可以不指定毛坯几何体，即可进行轮廓的精加工。
> 在定义部件几何体的情况下，进一步定义指定加工区域时，可以不指定毛坯几何体，即可对部件进行整体或部分区域的粗加工。

详尽的型腔铣加工技术请按下面二维码的顺序依次扫描进行学习。

型腔铣加工技术

2.5 深度轮廓铣加工技术

深度铣是去除垂直于固定刀轴的平面层中的材料。铣削在刀具移到下一深度前完成，且切削深度固定；部件几何体可以是平的或带轮廓的，如图 2-6 所示。

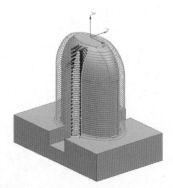

图 2-6　深度轮廓铣（图片源自 Siemens 帮助文档）

提示：

与型腔铣的轮廓加工相比，深度轮廓铣刀轨的生成方面几乎没有区别，但在进退刀设置方面有较大的简化，并且更加灵活。

深度轮廓铣最适合陡面加工，对于非陡面的加工也设有补救加工参数。

详尽的深度轮廓铣加工技术可扫描下面二维码进行学习。

深度轮廓铣加工技术

曲面轮廓铣中"固定轴曲面轮廓铣"工序和"可变轴曲面轮廓铣"工序是沿部件轮廓进行去除材料的，从而对已加工的轮廓曲面区域进行精加工。特殊可变轴曲面轮廓铣工序（mill multi blade 工序类型）专用于旋转部件，如整体叶盘和叶轮。

曲面轮廓铣可以控制刀轴和投影矢量选项以创建跟随复杂曲面轮廓的刀轨。

要创建"曲面轮廓铣"工序，需指定以下内容：

■ 部件几何体

对于部件几何体的指定是可选的。

■ 驱动几何体

驱动几何体可以包含部件几何体或没有与部件关联的几何体。NX 从指定的驱动几何体创建驱动点，以控制刀具位置。

如果未指定部件几何体，NX 会将刀具直接放在驱动点上。

如果指定了部件几何体，NX 会将刀具放在驱动点投射到部件几何体上的位置。

选定的驱动方法决定如何创建刀轨所需的驱动点，一些驱动方法会沿曲线创建一串驱动点，另一些则在一个区域内创建驱动点的阵列。

■ 投影矢量

如果指定了部件几何体，则必须指定投影矢量，选定的驱动方法决定哪些投影矢量是可用的。投影矢量定义 NX 如何将驱动点投影到部件面以及刀具接触部件面的一侧。

■ 刀轴

使用刀轴选项可指定切削刀具的方位。

可以通过以下方式定义刀轴方位：

· 接受默认刀轴为隐式刀轴，+ZM 轴为默认轴，图 2-7 中的固定刀轴。

· 将刀轴指定为垂直于底面或垂直于第一个面。

· 指定带矢量的刀轴。

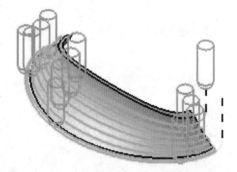

图 2-7 固定刀轴
（图片源自 Siemens 帮助文档）

2.6.1 投影法原理

首先选择驱动方法（驱动方法取决于所选择的驱动几何体），再由驱动几何体生成一次刀轨，并将一次刀轨沿投影矢量方向（刀具接近工件的方向）进行投影，同时考虑刀具的真实形状，在部件几何体的表面产生二次刀轨。

系统将会在所选的驱动曲面上创建一个驱动点阵列，然后将此阵列沿指定的投影矢量投影到部件表面上，刀具定位到"部件表面"上的"接触点"，此时创建的各刀尖处输出的刀具位置点的轨迹就是刀轨，如图 2-8 所示。

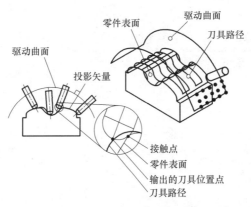

图 2-8　曲面区域驱动方法（图片源自 Siemens 帮助文档）

> 提示：
> 刀轨的生成分为 2 步。第 1 步在驱动几何体上生成驱动点，第 2 步驱动点沿投影矢量方向投射到部件几何体的表面上。

详尽的投影法原理及常用加工参数请按下列二维码的顺序依次扫描进行学习。

1　　　　　　　2　　　　　　　3　　　　　　　4

投影法原理及常用加工参数

2.6.2　驱动方法

驱动方法定义了创建刀轨所需的驱动点。某些驱动方法允许沿一条曲线创建一串驱动点，而某些驱动方法允许在边界内或在所选曲面上创建驱动点阵列。驱动点一旦被定义，就可用于创建刀轨，如果没有选择部件几何体，则刀轨直接从"驱动点"创建，否则，驱动点投射到部件表面以创建刀轨。

选择合适的驱动方法，应该由加工表面的形状复杂性以及刀轴和投影矢量的要求决定，所选的驱动方法取决于可以选择的驱动几何体的类型以及可用的投影矢量、刀轴和切削类型。各驱动方法的选项及功能简述详见表 2-1。

表 2-1　驱动方法表

驱动方法选项	功能简述
未定义	未定义的驱动方法允许创建曲面轮廓铣模板工序，而不必指定初始驱动方法 每个用户都可从模板创建工序时指定相应的驱动方法
曲线 / 点	通过指定点和选择曲线来定义驱动几何体
螺旋式	定义从指定的中心点向外螺旋的驱动点

驱动方法选项	功能简述
边界	通过指定边界和环定义切削区域
区域铣削	通过指定"切削区域"几何体，定义"切削区域"，不需要驱动几何体
曲面区域	定义位于"驱动曲面"栅格中的驱动点阵列
刀轨	沿着现有的CLSF的"刀轨"定义"驱动点"，在当前工序中创建类似的"曲面轮廓铣刀轨"
径向切削	使用指定的步距、带宽和切削类型，生成沿给定边界的和垂直于给定边界的驱动轨迹
外形轮廓铣	利用刀的侧刃加工倾斜壁
清根	沿部件表面形成的凹角和凹部生成驱动点
文本	选择注释并指定要在部件上雕刻文本的深度
用户函数	通过临时退出 NX 并执行内部用户函数程序来生成驱动轨迹

详尽的驱动方法及常用加工参数的确定请按下面二维码的顺序依次扫描进行学习。

1　　　　　2　　　　　3

4　　　　　5　　　　　6

驱动方法及常用加工参数

2.6.3　投影矢量及常用加工参数

"投影矢量"是大多数"驱动方法"的公共选项，它确定驱动点投射到部件表面的方式，以及刀具接触部件表面的哪一侧。可用的"投影矢量"选项将根据使用的驱动方法不同而变化。

投影矢量允许定义驱动点投射到部件表面的方式，以及刀具接触的部件表面侧。"曲面区域"驱动方法提供一个附加选项，即垂直于驱动体，其他驱动方法不提供该选项。

驱动点沿投影矢量投射到部件表面上。如图 2-9 所示，驱动点移动时以投影矢量的相反方向（但仍沿矢量轴）从驱动曲面投影到部件表面。

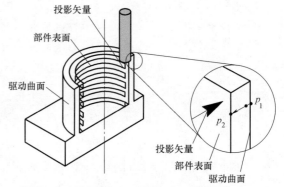

图 2-9　驱动点投影到部件表面

投影矢量的方向决定刀具要接触的部件表面侧。刀具总是从投影矢量逼近的一侧定位到部件表面上。驱动点 p_1 以投影矢量的相反方向投射到部件表面上创建 p_2。

可用的投影矢量类型取决于驱动方法。"投影矢量"选项是除"清根"之外的所有驱动方法都有的。

选择投影矢量时应避免出现投影矢量平行于刀轴矢量或垂直于部件表面法向的情况，这些情况可能引起刀轨的竖直波动。

图 2-10 说明了驱动点是如何投射到部件表面上的。在此示例中，投影矢量被定义为固定的，在部件表面上的任意给定点，矢量与 ZM 轴是平行的。要投射到部件表面上，驱动点必须以投影矢量箭头所指的方向从边界平面进行投射。

投影矢量的方向决定刀具要接触的部件表面侧。

图 2-11 说明了投影矢量的方向是如何决定刀具要接触的部件表面侧。在每个图中，刀具接触相同的部件表面（圆柱内侧），但是接触侧根据投影矢量方向不同而变化。

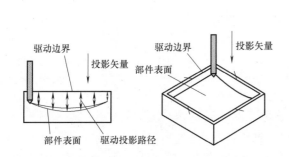

图 2-10　驱动轨迹在投影矢量的方向投射

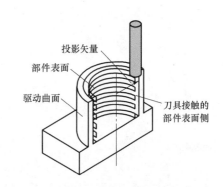

图 2-11　投影矢量决定部件表面的刀具侧

图 2-12 说明朝向直线投影矢量，产生了不需要的结果。刀具沿投影矢量的方向从圆柱外侧逼近部件表面，并对部件形成过切。

图 2-13 说明投影矢量远离直线，产生了需要的结果。刀具沿投影矢量的方向从圆柱内侧逼近部件表面，且没有对部件形成过切。

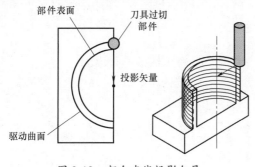

图 2-12　朝向直线投影矢量

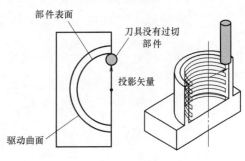

图 2-13　远离直线投影矢量

提示：

　　使用"远离点"或"远离直线"作为投影矢量时，从部件表面到矢量焦点或聚焦线的最小距离必须大于刀具的半径，如图2-14所示。必须允许刀具末端定位到投影矢量焦点或者沿投影矢量聚焦线定位到任何位置，且不过切部件表面。

　　当刀具末端定位到焦点或者沿聚焦线定位到任何位置时，如果刀具过切了部件表面（图2-15），系统则不能保证生成良好的刀轨。

　　某些投影矢量，如"垂直于驱动曲面"，不依赖点和直线，将不会生成任何验证信息。

　　驱动曲线模式本身不是刀轨，必须将它投射到部件上以创建刀轨。

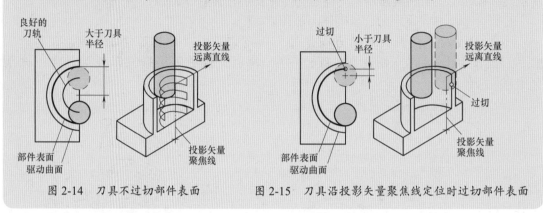

图2-14　刀具不过切部件表面　　　　图2-15　刀具沿投影矢量聚焦线定位时过切部件表面

投影矢量的选择对于生成高质量的刀轨非常重要，建议如下：

- 刀轴或指定矢量：矢量与目标曲面不平行时使用这些选项。
- 远离点、朝向点和远离直线、朝向直线：当单一矢量与所有曲面形成的角度不都足够大而采用组合曲面时，使用这些选项。

　　离开或指向指定的点或直线进行投射时，请确保选择的点或直线所在的位置能保证刀具抵达整个要切削的区域。切削完离开时，要确保刀尖在点或直线上时刀具不会过切部件。加工型腔时使用远离点或远离直线。加工型芯时使用朝向点或朝向直线。

　　这些选项不依赖于驱动曲面的法线，并且非常适用于处理刀具半径大于部件特征（圆角半径、拐角等）的部件。

- 垂直于驱动体和朝向驱动体：驱动曲面法线已进行适当定义且变化平滑时使用这些选项。使用朝向驱动体加工型腔，使用垂直于驱动体加工型芯。在刀具半径大于部件特征（圆角半径、拐角等）的情况下，垂直于驱动体和朝向驱动体可能不适用。

　　详尽的投影矢量及常用加工参数请按下面二维码顺序依次扫描进行学习。

投影矢量及常用加工参数

提示:

刀轴向上选项可沿刀轴向上投射到驱动边界。

例如: 选择凸缘面作为部件几何元素,然后将边曲线投射到边界平面上以创建驱动边界。当使用刀轴向上选项生成工序时,NX 沿着刀轴投射到驱动边界向上,来定位边缘下方的 T 形铣刀,如图 2-16 所示。

1.选择凸缘面作为部件几何元素
2.边界平面
3.驱动边界
4.刀轨

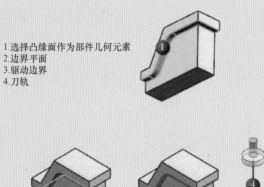

图 2-16 T 形铣刀创建刀轨

2.6.4 刀轴

刀轴有 "固定刀轴" 和 "可变刀轴"。"固定刀轴" 保持与指定矢量平行,"可变刀轴" 在沿刀轨移动时不断改变方向,如图 2-17 所示。

如果将工序类型指定为 "固定轮廓铣",则只有 "固定刀轴" 选项可以使用。如果将工序类型指定为 "可变轮廓铣",则除固定选项外,其他 "刀轴" 选项均可使用。

可将 "刀轴" 定义为从刀尖方向指向刀具夹持器方向的矢量,如图 2-18 所示。定义 "刀轴" 的方法是: 输入坐标值、选择 "几何体"、指定相对于或垂直于 "部件表面" 的轴、指定相对于或垂直于 "驱动曲面" 的轴。

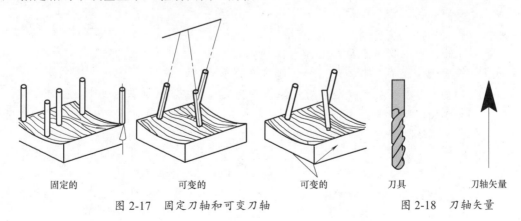

固定的　　　　　可变的　　　　　可变的　　　　刀具　　　　刀轴矢量

图 2-17　固定刀轴和可变刀轴　　　　　图 2-18　刀轴矢量

提示:

使用"曲面区域"驱动方法直接在"驱动曲面"上创建"刀轨"时,应确保"材料侧矢量"定义正确(图 2-19)。"材料侧矢量"将决定刀具与"驱动曲面"的哪一侧相接触。"材料侧矢量"必须指向要去除的材料(与"刀轴矢量"的方向相同)。

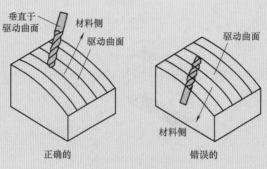

图 2-19　材料侧矢量

有些刀轴的方向取决于"部件表面"的法向,而有些则不是。不取决于"部件表面"法向的刀轴(除"垂直于部件"、"相对于部件"、"4 轴 / 垂直于部件"、"4 轴,相对于部件"和"双 4 轴在部件上"之外的所有刀轴)将位于"部件表面"的边缘(此时"移除边缘追踪"选项关闭),即使刀尖处在"部件表面"边缘之外时也是如此。

对于取决于"部件表面"法向才能确定方向的刀轴("垂直于部件"、"相对于部件"、"4 轴 / 垂直于部件"、"4 轴 / 相对于部件"和"双 4 轴在部件上"),如果刀尖位于"部件表面"边缘之外,则刀轴不会位于该边缘上,这是因为尚未定义法线。因此,这些刀轴始终同在关闭"边缘追踪"选项情况下的表现相同。

如图 2-20 中,投射"驱动曲面"的边缘与"部件表面"的边缘重合,这使得生成的接触点全部位于"部件表面"的边缘之上。"垂直于部件"刀轴无法将刀具定位到"部件表面"上,因为刀尖位于"部件表面"的边缘之外。刀具退刀、移刀、进刀(根据指定的"避让"移动),然后在可以重新定位到"部件表面"边缘的位置处继续切削。

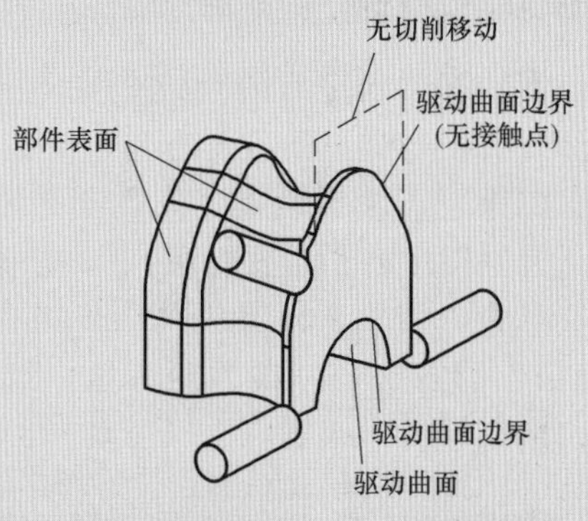

图 2-20　取决于部件表面的刀轴在刀尖位于部件表面之外时无法定位

要防止出现此情况并允许刀具沿着第一条刀路的整个长度进行切削,可稍稍增加"起始步长 %"值(例如 0.001)。

使用插补矢量、插补角度至驱动或插补角度至零件可在特定点控制刀轴,可以控制刀轴的多个更改,而不需要另创建其他刀轴控制几何体或更为平滑的驱动面;调节刀轴以避免延展或其他障碍;可以定义从驱动几何体上指定位置延伸的矢量;要创建光顺刀轴移动,则用指定矢量插补驱动几何体上任意点处的刀轴,指定的矢量越多,越容易对刀轴进行控制,所以可以定义所需数量的矢量。曲线、点或曲面区域驱动方法在可变轴曲面轮廓铣工序、可变流线铣工序、多叶片工序中可以应用,如图 2-21 所示。

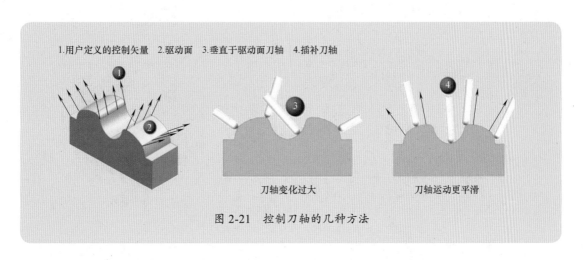

1.用户定义的控制矢量 2.驱动面 3.垂直于驱动面刀轴 4.插补刀轴

刀轴变化过大   刀轴运动更平滑

图 2-21 控制刀轴的几种方法

■ 插补矢量示例

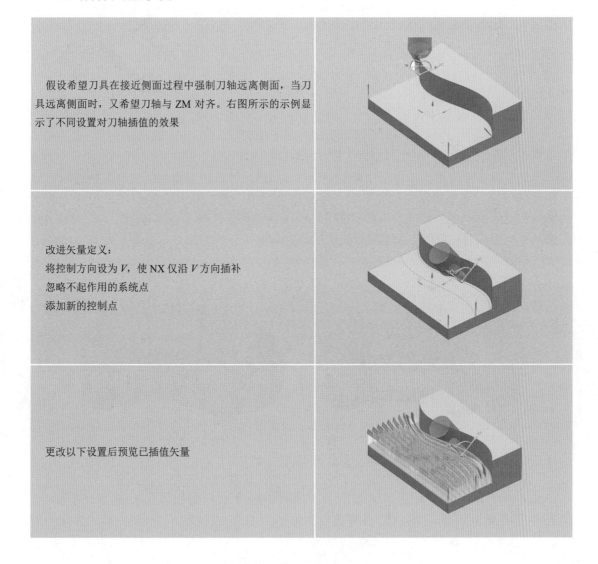

假设希望刀具在接近侧面过程中强制刀轴远离侧面，当刀具远离侧面时，又希望刀轴与 ZM 对齐。右图所示的示例显示了不同设置对刀轴插值的效果

改进矢量定义：
将控制方向设为 V，使 NX 仅沿 V 方向插补
忽略不起作用的系统点
添加新的控制点

更改以下设置后预览已插值矢量

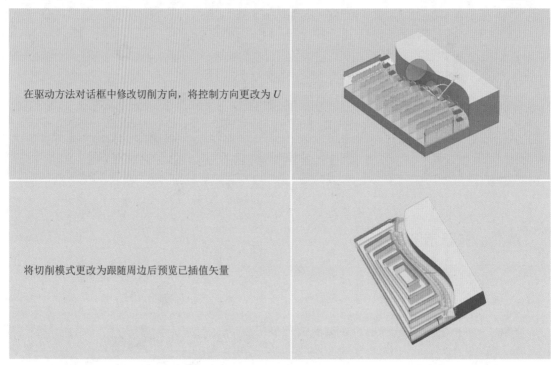

| 在驱动方法对话框中修改切削方向，将控制方向更改为 U | |
| 将切削模式更改为跟随周边后预览已插值矢量 | |

■ 绝对 / 从驱动初始化插值方法

当加工单个叶片类的不完全平滑的曲面（$G2/G3$）时，插补角度至驱动刀轴选项可能会导致轴反转。驱动初始化位置，命令用于自动生成一组矢量并将它们预先设置为基本的前倾和侧倾值；之后，可以根据需要手动修改这些矢量。仅当控制方向设为 U 或 V 时，此选项才可用，通过绝对 / 从驱动初始化插值方法使用预选的矢量，并在这些矢量之间进行线性插值，如图 2-22 所示。

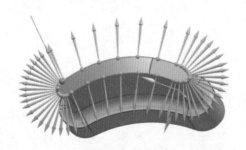
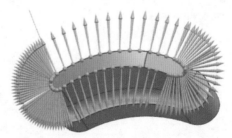

最大步长=8 最大步长角度=7 　　　　最大步长=2 最大步长角度=3

图 2-22 绝对 / 从驱动初始化插值方法

此方法适用于使用曲面区域驱动方法的可变轴曲面轮廓铣工序；需要以下条件：插补角度至驱动刀轴选项，切削模式设为单向、往复或往复上升，控制方向设为 U 或 V。

■ 定义刀轴插值矢量的位置

当选择一个点创建用户定义的插值矢量且该点不在驱动曲面上时，NX 沿视图方向将选定的点投射至驱动曲面，但此投影位置可能不是最接近所选点的位置，所以解决方案是要垂直于驱动曲面投影点，必须正确定向视图，如图 2-23 所示。

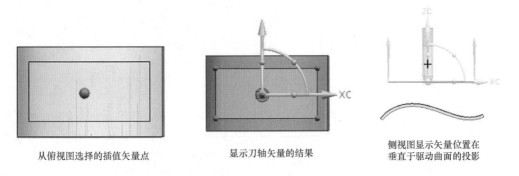

从俯视图选择的插值矢量点　　　　显示刀轴矢量的结果　　　　侧视图显示矢量位置在
　　　　　　　　　　　　　　　　　　　　　　　　　　　　　　垂直于驱动曲面的投影

图 2-23　定义刀轴插值矢量位置

■ 常用的刀轴选项

远离点

"远离点"允许定义偏离焦点的"可变刀轴"（图 2-24）。用户可使用"点子功能"来指定点；"刀轴矢量"从定义的焦点指向刀具夹持器，如图 2-25 所示的使用往复切削类型的远离点的刀轴。

图 2-24　远离点

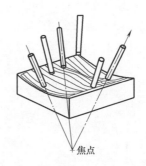

图 2-25　使用往复切削类型的远离点的刀轴

朝向点

"朝向点"允许定义向焦点收敛的"可变刀轴"（图 2-26）。用户可使用"点子功能"来指定点；"刀轴矢量"从定义的焦点指向刀具夹持器，如图 2-27 所示的使用往复切削类型的朝向点的刀轴。

项目
2

图 2-26 朝向点

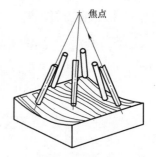

图 2-27 使用往复切削类型的朝向点的刀轴

远离直线

"远离直线"允许定义偏离聚焦线的"可变刀轴"（图 2-28）。"刀轴"沿聚焦线移动，同时与该聚焦线保持垂直；刀具在平行平面间运动；"刀轴矢量"从定义的聚焦线指向刀具夹持器，如图 2-29 所示的使用往复切削类型的远离直线的刀轴。

图 2-28 远离直线

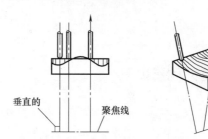

图 2-29 使用往复切削类型的远离直线的刀轴

朝向直线

"朝向直线"允许定义向聚焦线收敛的"可变刀轴"（图 2-30）。"刀轴"沿聚焦线移动，同时与该聚焦线保持垂直。刀具在平行平面间运动。"刀轴矢量"从定义的聚焦线指向刀具夹持器，如图 2-31 所示的使用往复切削类型的朝向直线的刀轴。

图 2-30 朝向直线

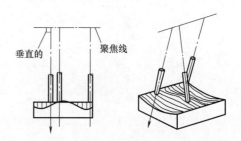

图 2-31 使用往复切削类型的朝向直线的刀轴

相对于矢量

"相对于矢量"允许定义带有指定"前倾角"和"侧倾角"的矢量"可变刀轴"（图 2-32）。

"前倾角"定义了刀具沿"刀轨"前倾或后倾的角度；正的"前倾角"表示刀具相对于"刀轨"方向向前倾斜；负的"前倾角"表示刀具相对于"刀轨"方向向后倾斜；由于"前倾角"基于刀具的运动方向，因此在往复切削模式中，将使刀具在单向刀路中向一侧倾斜，而在回转刀路中向相反方向的另一侧倾斜。

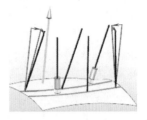

图 2-32　相对于矢量

"侧倾角"定义了刀具从一侧到另一侧的角度；正值时刀具向右倾斜（按照所观察的切削方向）；负值时刀具向左倾斜；与"前倾角"不同，"侧倾角"是固定的，它与刀具的运动方向无关，相对于矢量与"相对于部件"的工作方式类似，不同之处是它使用的是"矢量"而不是"部件法向"。

如图 2-33 所示的"相对于矢量"的工作方式：选择矢量作为"刀轴"，选择"指定矢量"，选择 2 个点来定义矢量，如上图中的 a 和 b 点，选择"指定前倾角 / 倾斜角"，输入所需的前倾角度和侧倾角度，然后单击"确定"。

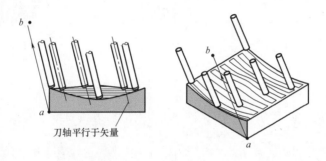

图 2-33　"相对于矢量"的工作方式

垂直于部件

"垂直于部件"允许定义在每个接触点处垂直于"部件表面"的"刀轴"（图 2-34、图 2-35）。

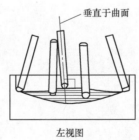
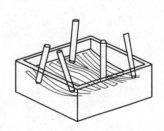

图 2-34　垂直于部件　　　　图 2-35　"垂直于部件"的工作方式

相对于部件

"相对于部件"允许定义一个"可变刀轴"，它相对于"部件表面"的另一垂直"刀轴"向前、向后倾斜（图 2-36）。

"前倾角"定义了刀具沿刀轨前倾或后倾的角度（图2-37）；正的"前倾角"表示刀具相对于刀轨方向向前倾斜；负的"前倾角"（后倾角）表示刀具相对于刀轨的方向向后倾斜。

"侧倾角"定义刀具倾斜的角度（图2-38）。正值将使刀具向左倾斜（按照所观察的切削方向）。与前倾角不同，侧倾角是常数且与切削方向无关。

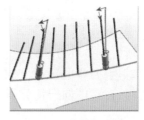

图 2-36　相对于部件

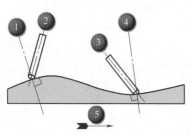

1.垂直刀轴
2.正的前倾角
3.负的前倾角(后倾角)
4.垂直刀轴
5.刀具方向

图 2-37　前倾角

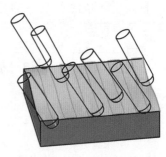

图 2-38　侧倾角

提示：

使用指定前倾角的"往复"切削模式时，NX 将在其从单向运动向往复运动过渡时翻转该刀具。发生此情况后，刀根可能会将材料钻空。

"前倾角"和"侧倾角"指定的最小值和最大值将相应地限制"刀轴"的可变性。这些参数将定义刀具偏离指定的前倾角或侧倾角的程度。例如，如果将前倾角定义为20°，最小前倾角定义为15°，最大前倾角定义为25°，那么刀轴可以偏离前倾角±5°。最小值必须小于或等于相应的"前倾角"或"侧倾角"的角度值。最大值必须大于或等于相应的"前倾角"或"侧倾角"的角度值。

"刀轴"在避免过切部件时将忽略"前倾角"或"侧倾角"。在图2-39中，刀具将竖直以避免过切。

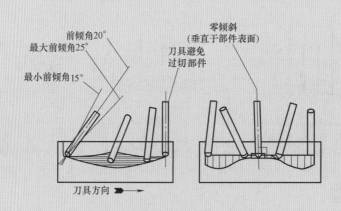

图 2-39　刀具竖直以避免过切

4 轴 / 垂直于部件

"4 轴 / 垂直于部件"允许定义使用"4 轴旋转角度"的刀轴（图 2-40）；4 轴方向使刀具绕着所定义的旋转轴旋转，同时始终保持刀具和旋转轴垂直。

旋转角度使"刀轴"相对于"部件表面"的另一法向轴向前或向后倾斜；与"前倾角"不同，4 轴旋转角始终向法向轴的同一侧倾斜；它与刀具的运动方向无关。

图 2-40 4 轴 / 垂直于部件

提示：图 2-41 中，旋转角使刀轴在单向和往复移动中向"部件表面"法向轴的右侧倾斜。刀具在垂直于所定义旋转轴的平行平面内移动。

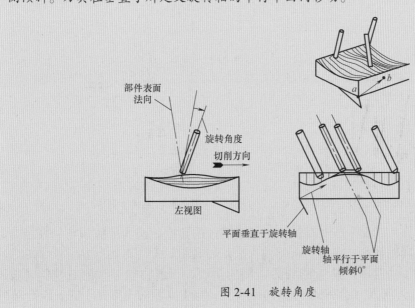

图 2-41 旋转角度

上述示例说明"4 轴 / 垂直于部件"的工作方式：选择"4 轴 / 垂直于部件"作为"刀轴"，从"矢量子功能"对话框中选择两个点，使用"点子功能"为旋转轴定义两个点（图 2-41 中的 a 和 b 点），输入"4 轴旋转角度"。

4 轴 / 垂直于驱动体

"4 轴 / 垂直于驱动体"允许定义使用"4 轴旋转角度"的刀轴（图 2-42）；该旋转角将有效地绕一个轴旋转部件，如同部件在带有单个旋转台的机床上旋转；4 轴方向将使刀具在垂直于所定义的旋转轴的平面内运动。

旋转角度使刀轴相对于"驱动曲面"的另一法向轴向前倾斜。与"前倾角"不同，4 轴旋转角始终向法向轴的同一侧倾斜，它与刀具运动方向无关。

同样，此选项的工作方式与"4 轴 / 垂直于部件"相同；但是，刀具仍保持与"驱动曲面"垂直，而不是与"部件表面"垂直；由于此选项需要用到一个驱动曲面，因此它只

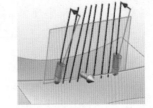

图 2-42 4 轴 / 垂直于驱动体

在使用了"曲面区域驱动方法"后才可用。

4 轴 / 相对于部件

"4 轴 / 相对于部件"的工作方式（图 2-43）与"4 轴 / 垂直于部件"基本相同。但此外，还可以定义一个"前倾角"和一个"侧倾角"。由于这是 4 轴加工方法，"侧倾角"通常保留为其默认值 0°。

如果"旋转角"连同"前倾角"和"侧倾角"一同指定，那么最终的刀轴将按以下步骤确定：系统将根据部件表面法向和刀具运动方向来应用"前倾角"和"侧倾角"。

如图 2-44 所示，由于步骤 1 中的刀轴可能没有位于有效的 4 轴刀具运动平面中，因此，该刀轴将随后被投射到有效的 4 轴平面上。系统将直接在 4 轴平面中应用"旋转角度"。

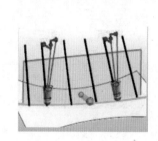

图 2-43 4 轴 / 相对于部件

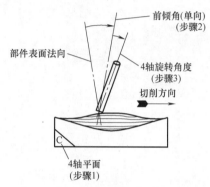

图 2-44 确定步骤

"前倾角"定义了"刀轴"沿"刀轨"前倾或后倾的角度。正的"前倾角"表示刀具相对于"刀轨"方向向前倾斜。负的"前倾角"表示刀具相对于"刀轨"方向向后倾斜。

"侧倾角"定义了"刀轴"从一侧到另一侧的角度。正值将使刀具向右倾斜（按照图 2-45 所观察的切削方向）。负值将使刀具向左倾斜。"4 轴 / 相对于部件"的工作方式：

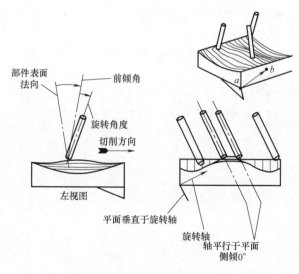

图 2-45 角度的定义

- 选择"4轴/相对于部件"作为"刀轴",选择2个点作为"旋转轴"。
- 定义两个点(图2-45中的 a 和 b 点)。
- 输入所需的"4轴旋转角度"、前倾角度和侧倾角度,然后单击"确定"。

4 轴 / 相对于驱动体

"4轴/相对于驱动体"允许指定刀轴,以使用4轴旋转角(图2-46)。该旋转角将有效地绕一个轴旋转,如同部件在带有单个旋转台的机床上旋转。与"4轴/垂直于驱动体"不同的是,它还可以定义前倾角和侧倾角。

"前倾角"定义了刀具沿"刀轨"前倾或后倾的角度。正的"前倾角"表示刀具相对于"刀轨"方向向前倾斜。负的"前倾角"表示刀具相对于"刀轨"方向向后倾斜。前倾角是从"4轴旋转角"开始测量的。

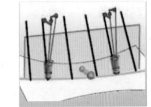

图 2-46　4 轴 / 相对于驱动体

"侧倾角"定义了刀具从一侧到另一侧的角度。正值将使刀具向右倾斜(按照所观察的切削方向),负值将使刀具向左倾斜。

此选项的交互工作方式与"4轴/相对于部件"相同。但是,前倾角和侧倾角的参考曲面是驱动曲面而非部件表面。由于此选项需要用到一个驱动曲面,因此它只在使用了"曲面区域驱动方法"后才可用。

双 4 轴在部件上

"双4轴在部件上"(图2-47)与"4轴/相对于部件"的工作方式基本相同,应指定一个4轴旋转角、一个前倾角和一个侧倾角。4轴旋转角将有效地绕一个轴旋转部件,如同部件在带有单个旋转台的机床上旋转。但在"双4轴"中,可以分别为单向移动和往复移动定义这些参数。

"旋转轴"定义了单向和回转平面,刀具将在这两个平面间运动,如图2-48所示。

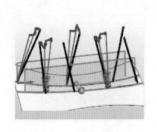

图 2-47　双 4 轴在部件上

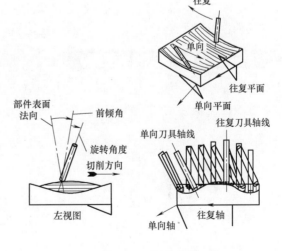

图 2-48　角度定义

"双 4 轴在部件上"仅能与往复切削类型一起使用，如果试图使用任何其他驱动方法，都将出现一条出错消息。

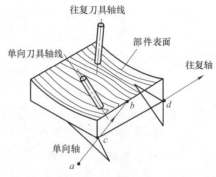

"双 4 轴在部件上"与"双 4 轴在驱动体上"都将使系统参考"部件表面"或"驱动曲面"上的"曲面法向"。

选择"双 4 轴在部件上"后，需要输入相对于部件表面的"前倾角"、"侧倾角"和"刀轴旋转角"，并分别为单向和回转切削指定"旋转轴"。

"双 4 轴在部件上"示例（图 2-49）：

此例将说明"双 4 轴在部件上"的工作方式，选择"双 4 轴在部件上"作为"刀轴"，指

图 2-49　"双 4 轴在部件上"示例

定相对于"部件表面"的"前倾角"、"侧倾角"和"刀轴旋转角"，并分别为单向和回转切削指定"旋转轴"，为"旋转轴"选择 2 个点，使用"点子功能"为单向轴定义两个点（图 2-49 中的 a 和 b 点）。

双 4 轴在驱动体上

除了参考的是驱动曲面几何体，而不是部件表面几何体外，"双 4 轴在驱动体上"（图 2-50）与"双 4 轴在部件上"的工作方式完全相同。由于双 4 轴在驱动体上需要用到一个驱动曲面，因此它只在使用了"曲面区域驱动方法"后才可用。

插补矢量刀轴 - 光顺刀轴插值法

NX 将按照以下方法之一应用光顺刀轴插值法（图 2-51）：均等矩形补片光顺和全局光顺。建议尽可能使用均等矩形补片光顺法，因为该光顺法更加局部化和可预测。

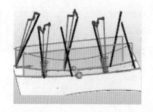

图 2-50　双 4 轴在驱动体上

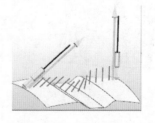

图 2-51　插补矢量刀轴 - 光顺刀轴插值法

为确保已插值矢量清晰可见，光顺插值法使用了流线驱动方法对话框中更多组的切削步长值。

例：切削步长＝数量；第一刀切削＝5；最后一刀切削＝5。

（1）**均等矩形补片光顺**　在均等矩形补片光顺中，光顺插值法只影响以曲面或曲面补片的四个角为边界的区域。当只需要沿曲面边界的几个点来完全分割该曲面以控制插值时，则首选均等矩形补片光顺。通常在曲率变化的区域内对曲面进行分割，从而控制每个区域之间的插值。如果未满足以下任一条件，NX 将应用均等矩形补片光顺（图 2-52）：四边曲面的每个角上正好有一个系统定义矢量。

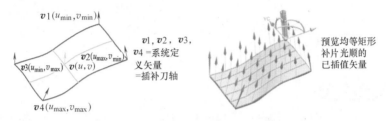

图 2-52　均等矩形补片光顺

将曲面分割为均等矩形补片的用户定义矢量仅位于边界上，并且在参数空间中的对侧正好有一个匹配的位置。例如图 2-53 所示，如果（u_{max}，v）处有一个矢量，则（u_{min}，v）处一定有一个匹配矢量。要使 NX 创建均等矩形补片，必须将匹配的用户定义矢量对置于对侧。对侧矢量的参数值必须精确匹配。

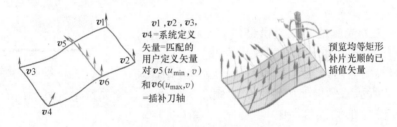

图 2-53　"均等矩形补片光顺"示例 1

如果匹配的用户定义矢量对也平行，则已插值矢量会保持恒定方向。以下示例显示了光顺方向①和恒定方向②的均等矩形补片（图 2-54）。

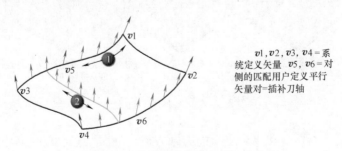

图 2-54　"均等矩形补片光顺"示例 2

（2）**全局光顺**　如果用户定义矢量没有均等化，也不位于边界上，NX 将应用全局光顺法。NX 将加权因子应用于所有系统定义矢量和用户定义矢量，然后使用这些加权值来创建光顺插值。如果需要加大对跨驱动面刀轴的控制，则首选全局光顺。但是，全局平滑会由于 NX 应用的权重不同而产生不可预知的后果。必须小心定义众多驱动和曲率条件下的矢量，以便有控制地限制和改变插值，如图 2-55 所示。

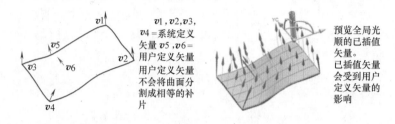

图 2-55　全局光顺

插补矢量对话框

插补矢量对话框如图 2-56 所示。

插值方法：确定如何在一个驱动点和下一驱动点之间对刀轴进行插值。

线性：在驱动点之间使用恒定更改率。线性对最不光顺的刀轴进行插值，速度比三次样条快。

三次样条：在驱动点之间使用可变更改率。与线性插值相比，三次样条插值可在全部定义的数据点上生成更为光顺的刀轴控制。

光顺：对更为光顺的刀轨提供最佳刀轴控制。位于驱动曲面边缘的矢量被着重表示，以减少内部矢量的影响。

光顺是将控制方向设置为 U 和 V 时建议的使用选项。

图 2-56　插补矢量对话框

如图 2-57 所示的示例使用相同的前倾和侧倾设置。除矢量①之外的所有矢量的侧倾角均为 0°。矢量①的侧倾角为 30°。控制 U 和 V 方向。

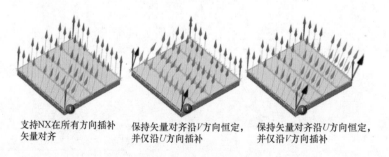

支持 NX 在所有方向插补　　保持矢量对齐沿 V 方向恒定，　　保持矢量对齐沿 U 方向恒定，
矢量对齐　　　　　　　　　并仅沿 U 方向插补　　　　　　并仅沿 V 方向插补

图 2-57　控制方向设置

刀轴允许定义"固定"和"可变"的刀轴方位。"固定刀轴"将保持与指定矢量平行。"可变刀轴"在沿刀轨移动时将不断改变方向。

通过调节显示的最大矢量数（图 2-58），可以减少数量以方便查看各矢量。也可预览已插值矢量，以便能够查看如何调整前倾角和侧倾角。

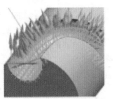 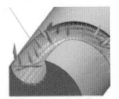 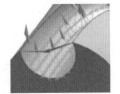

要显示的最大矢量数=250　　要显示的最大矢量数=50

图 2-58　最大矢量数

项目
2

插补角度至部件对话框 / 插补角度至驱动体对话框

插补角度至部件对话框 / 插补角度至驱动体对话框内参数演示如图 2-59 所示。

前倾角：定义刀具沿刀轨前倾或后倾的角度。正的前
倾角表示刀具相对于刀轨方向向前倾斜。负的前倾角（后
倾角）表示刀具相对于刀轨方向向后倾斜。指定的角度必
须在 -90°～ 90°之间。

在测量角度时，是相对于刀具与部件表面接触且垂直
于部件表面的位置。

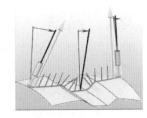

图 2-59　对话框内参数演示

侧倾角：定义刀具从一侧到另一侧的角度。正值将
使刀具向右倾斜（按照所观察的切削方向）。负值将使刀具向左倾斜。指定的角度必须
在 -90°～ 90°之间。

忽略点：从刀轴插值中排除选定的矢量。如果不希望显示控制选定点，则使用此选
项。此选项无法删除系统定义点。

垂直于驱动体

"垂直于驱动体"允许定义在每个"驱动点"处垂直于"驱动曲面"的"可变刀轴"
（图 2-60）。由于垂直于驱动体需要用到一个驱动曲面，因此它只在使用了"曲面区域驱动
方法"后才可用。

"垂直于驱动体"可用在非常复杂的"部件表面"上控制刀轴的运动，如图 2-61
所示。

 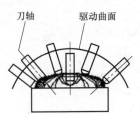 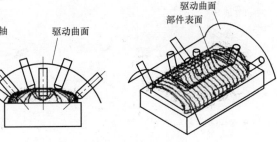

图 2-60　垂直于驱动体　　　　　图 2-61　控制刀轴的运动

图 2-61 中构造的"驱动曲面"是专门用在刀具加工"部件表面"时对"刀轴"进行
控制的。由于"刀轴"沿着"驱动曲面"（而不是"部件表面"）的轮廓进行加工，因此它
的往复运动更为光顺。

当未定义"部件表面"时,可以直接加工驱动曲面,如图 2-62 所示。

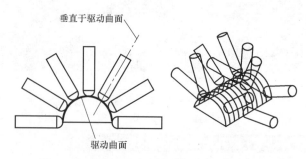

垂直于驱动曲面

驱动曲面

图 2-62　垂直于驱动曲面 / 直接在驱动曲面上

侧刃驱动体

"侧刃驱动体"允许定义沿驱动曲面的侧刃划线移动的刀轴(图 2-63)。此类刀轴允许刀具的侧面切削驱动曲面,而刀尖切削"部件表面"。如果刀具不带锥度,那么刀轴将平行于侧刃划线,如果刀具带锥度,那么刀轴将与侧刃划线成一定角度,但两者共面。驱动曲面将控制刀具侧面的移动,而"部件表面"将控制刀尖的移动。

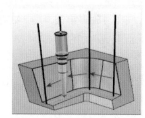

图 2-63　侧刃驱动体

1)必须按顺序选择多个驱动曲面,并且这些曲面的边缘必须相连。

2)选择"侧刃驱动"后,将出现"侧刃驱动"对话框,并且在选定的第一个驱动曲面旁将出现四个方向箭头(图 2-64)。

3)可以选择"划线类型"(下文中将有介绍),也可以使用默认的"划线类型"。

4)从四个矢量中选择一个指向刀具夹持器的矢量。

在图 2-65 中,"侧刃驱动体"刀轴使用的是不带锥度的刀具和"刀轴"投影矢量。如果使用了带锥度的刀具,则应使用"侧刃划线投影矢量"以避免过切驱动曲面。

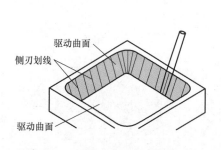

图 2-64　驱动曲面的侧刃划线

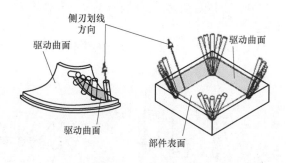

图 2-65　侧刃驱动

划线类型:有两个选项——"栅格或修剪"和"基础 UV"。

栅格或修剪划线:当驱动曲面由"曲面栅格"或"修剪曲面"组成时,便可生成"栅格或修剪"类型的划线,该类型的划线将尝试与所有"栅格边界"或"修剪边界"尽量自然对齐,如图 2-66 所示。

基础 UV 划线："基础 UV 划线"是曲面被修剪或被放入栅格前，曲面的自然底层划线，此类划线可能没有与栅格或修剪边界对齐，如图 2-67 所示。

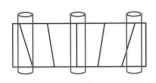 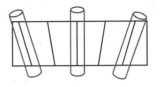

图 2-66　栅格或修剪划线　　　　　图 2-67　基础 UV 划线

> 提示：三角形的驱动曲面可使刀具倾斜，如图 2-68 所示。出现此情况是因为无法在驱动曲面的尖端创建驱动点的矩形栅格。
>
> 小于刀具半径的拐角或圆角可能会防止刀具沿整个驱动曲面进行侧刃切削。在图 2-69 中，刀具在完成沿曲面 A 的侧刃移动切削前，其刀尖就已经接触到了下一个"驱动曲面"（曲面 B）。这可能导致刀具在定位到与曲面 B 相切的位置时刀轴突然出现跳动。在这种情况下，最好使用"5 轴扇形顺序铣"工序。

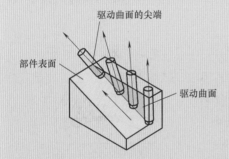 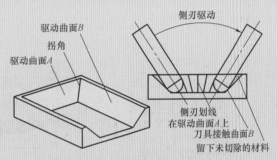

图 2-68　由于三角形驱动曲面而产生的倾斜　　　图 2-69　由于存在拐角而未切削掉的材料

如图 2-70 所示的侧刃驱动体示例说明"侧刃驱动体"的工作方式：选择曲面区域作为"驱动方法"。按顺序选择图中的八个驱动曲面，然后继续按照通常的方法定义"驱动方法"。确保指定的是"零"步距。

完成"驱动方法"的定义后：选择"侧刃驱动体"作为"刀轴"。将出现四个方向矢量，如图 2-70 所示。选择指向刀具夹持器的矢量（*a*）。

> 提示：如果重新指定了"驱动几何体"，则必须同时重新指定"侧刃驱动体"的方向矢量。方向矢量的正确方向必须从当前的"驱动几何体"中建立。

在此例中，选择刀轴作为"投影矢量"，以便驱动点可以沿刀轴投影，而刀轴将沿着"驱动曲面"的侧刃划线进行移动。

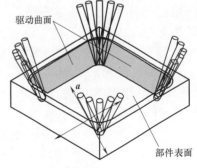

图 2-70　侧刃驱动体示例

侧刃加工侧倾角："侧刃加工侧倾角"常用在最终刀路中，以便对壁面和底面的相交部分进行精加工。

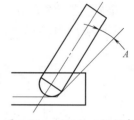

默认的侧刃角度是0°（相对于驱动曲面）。"侧刃加工侧倾角（A）"（图2-71）是刀具通过与侧刃划线垂直的平面时计算得出的。该角度随后被添加到侧刃划线中以使刀具稍稍向内倾斜。刀轴通常沿着驱动曲面的侧刃划线移动的角度。

图 2-71　侧刃加工侧倾角

相对于驱动体

"相对于驱动体"允许定义一个"可变刀轴"（图2-72），"可变刀轴"相对于驱动曲面的另一垂直"刀轴"向前、向后、向左或向右倾斜。"相对于驱动体"与"相对于部件"的工作方式相同，但由于此选项需要用到一个驱动曲面，因此它只在使用了"曲面区域驱动方法"后才可用。

"前倾角"定义了刀具沿"刀轨"前倾或后倾的角度。正的"前倾角"表示刀具相对于"刀轨"方向向前倾斜。负的"前倾角"表示刀具相对于"刀轨"方向向后倾斜。

"侧倾角"定义了刀具从一侧到另一侧的角度（图2-73）。正值将使刀具向右倾斜（按照所观察的切削方向）。负值将使刀具向左倾斜。

图 2-72　相对于驱动体

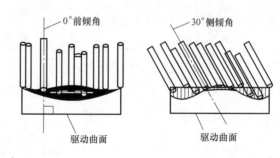

图 2-73　0°前倾角，30°侧倾角

"相对于驱动体"可用在非常复杂的"部件表面"上控制刀轴的运动，如图2-74所示。

图2-74中构建的"驱动曲面"是专门用在刀具加工"部件表面"时对"刀轴"进行控制的。"刀轴"没有前倾角度和侧倾角度，因此垂直于驱动曲面。由于"刀轴"是沿着"驱动曲面"（而不是"部件表面"）的轮廓进行加工，因此它的往复运动更为光顺。

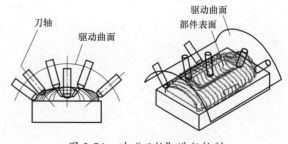

图 2-74　对"刀轴"进行控制

应用光顺：用在可变轴曲面轮廓铣工序中，刀轴→相对于驱动体→打开"应用光顺"。

光顺功能可消除或减少刀轨中的锐角和滑移，同时还可保持较高的加工精度。锐角和滑移通常由出现问题的几何体引起，如面之间的缝隙和重叠等。

优化后驱动

优化后驱动如图 2-75 所示，刀轴控制方法使刀具前倾角与驱动几何体的曲率相匹配。在凸起部分，NX 保持小的前倾角，以便移除更多材料。在下凹区域中，NX 自动增加前倾角以防止刀刃过切驱动几何体（图 2-76）。

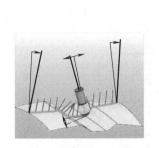

图 2-75　优化后驱动

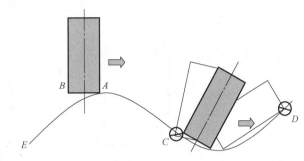

图 2-76　与驱动几何体要求匹配的刀具前倾角

最小刀跟安全距离：刀跟清除驱动几何体的最小距离。

最大前倾角：除了出于过切避让之外的原因，可使用指定允许的最大前倾角。NX 自动执行过切避让。

> 提示：建议此选项处于关闭状态并允许 NX 自动确定最佳解。

名义前倾角：除了出于最佳除料之外的原因，可使用名义前倾角指定最小前倾角，以优化切削条件。优化后驱动自动优化除料。

> 提示：建议此选项处于关闭状态并允许 NX 自动确定最佳解。

侧倾角：一个固定的侧倾角度值，默认值为 0。

应用光顺：选择应用光顺以便进行更高质量的精加工。

与驱动轨迹相同

"与驱动轨迹相同"允许定义从已有的工序中复制"刀轴"。"与驱动轨迹相同"只能与"刀轨驱动方法"一同使用，"刀轨驱动方法"使用已有工序中的"刀轨"来定义当前工序中的"驱动点"，"驱动点"被投影到选定的"部件表面"，"与驱动轨迹相同"将保留在原始工序中使用相同的"刀轴"。

部分刀轴说明请扫描下面二维码进行学习。

刀轴说明

2.6.5 固定轴曲面轮廓铣简介

固定轴曲面轮廓铣工序（mill contour 工序类型）中刀轴保持与指定矢量平行（图 2-77）。固定轴曲面轮廓铣属于 3 轴联动加工，主要用于曲面的半精加工和精加工，刀具轴始终为一固定矢量方向，它可以精确地沿着几何体的轮廓进行切削，在多轴定向加工中比较常用。固定轴曲面轮廓铣其工序见表 2-2。固定轴曲面轮廓铣示意可扫下面二维码观看。

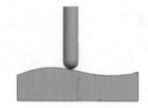

图 2-77 固定轴曲面轮廓铣 　　　　　　　固定轴曲面轮廓铣

表 2-2 固定轴曲面轮廓铣工序

固定轮廓铣	这是主要的固定轴曲面轮廓铣工序的子类型
区域轮廓铣	使用区域铣削驱动方法定制此工序子类型，以切削选定的面或切削区域。此工序子类型常用于半精加工和精加工
曲面区域轮廓铣	使用曲面区域驱动方法定制此工序子类型，以切削单个驱动曲面或驱动曲面排列为有序的矩形栅格
流线铣	使用流线驱动方法定义此工序的子类型，以切削曲线集定义的驱动曲面。可从部件几何体自动生成曲线集，或选择点、曲线、边或曲面以定义曲线集。不需要驱动曲面的排列为有序的栅格
陡峭区域轮廓铣	使用区域铣削驱动方法定义此工序的子类型，以切削陡峭区域。将此工序子类型与 CONTOUR ZIGZAG 或 CONTOUR AREA 工序子类型一起使用，可通过对前一往复切削进行十字交叉切削来降低残余高度
非陡峭区域轮廓铣	使用区域铣削驱动方法定义此工序的子类型，以切削非陡峭区域。精加工此切削区域时，通常在使用陡峭空间范围控制残余高度的 ZLEVEL PROFILE 工序之后使用此工序子类型

（续）

单刀路清根	使用清根驱动方法定义此工序的子类型，以精加工或去除拐角和凹部
多刀路清根	使用清根驱动方法定义此工序的子类型以切削多条刀路
清根参考刀具	使用清根驱动方法，根据先前参考刀具的直径定制此工序子类型，以切削多条刀路。此工序子类型用于移除拐角和凹部中的剩余材料
轮廓文本	定义此工序的子类型以按制图注释中的文本切削。此工序子类型用于 3D 雕刻

2.6.6　可变轴曲面轮廓铣简介

"可变轴曲面轮廓铣"工序沿部件轮廓除料，从而对轮廓铣曲面区域进行精加工（图 2-78）。使用可变轴曲面轮廓铣处理器的工序子类型对部件或切削区域进行轮廓加工时，刀轴控制有多个选项。

加工时，刀轴沿刀轨移动时不断变换方位。可变轴曲面轮廓铣的示意可扫下面二维码观看。

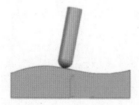

图 2-78　可变轴曲面轮廓铣（图片源自 Siemens 帮助文档）

可变轴曲面轮廓铣

■ 可变轴曲面轮廓铣工序（见表 2-3）

表 2-3　可变轴曲面轮廓铣工序

可变轮廓铣	这是主要的可变轴曲面轮廓铣工序子类型

 可变流线铣	使用流线驱动方法定义此工序的子类型可切削曲线集定义的驱动曲面。可从部件几何体自动生成曲线集，或选择点、曲线、边或曲面以定义曲线集。驱动曲面的栅格不必排列有序
 外形轮廓铣	此工序子类型通过外形轮廓铣驱动方法定义，可使用切削刃侧面对斜交壁进行轮廓加工

2.7 其他可变轴铣加工技术

2.7.1 可变轴深度铣

"可变轴深度铣"是一个用于多轴加工的深度铣工序。深度加工 5 轴铣支持球头立铣刀，允许刀轴沿着远离部件几何体的方向倾斜，以免造成刀柄或夹持器碰撞。深度加工 5 轴铣用一个较短的刀具精加工陡壁和带小圆角的拐角，而不是像固定轴工序那样要求使用较长的小直径刀具。刀具越短，进给率和切削用量越大，生产效率越高。

> 提示：深度加工 5 轴铣是一种独立的工序，它不能转换为现有的固定轴深度加工工序。但 NX 可以通过对基本的固定轴深度加工工序，应用刀具侧倾来创建深度加工 5 轴铣工序。因此，5 轴铣工序必须满足固定轴深度加工工序的所有要求才能生成刀轨。深度加工 5 轴铣不支持加工延伸、底切或封闭的斜角面。

2.7.2 可变轴顺序铣

"可变轴顺序铣"是为连续加工一系列边缘相连的曲面而设计的。一旦使用"平面铣"或"型腔铣"对曲面进行了粗加工，就可以使用"顺序铣"对曲面进行精加工。在对刀轨的每个子工序高度控制时，通过使用 3 个、4 个或 5 个刀轴运动，"顺序铣"可以使刀具准确地沿曲面轮廓运动，如图 2-79 所示。

■ "顺序铣"

"顺序铣"可显示如下所列的主对话框。

"顺序铣"对话框：提供的选项可决定每个工序的刀轨运动、显示设置和公差。

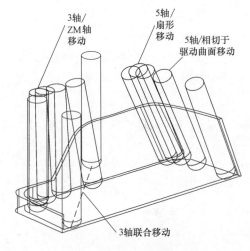

图 2-79　3 轴和 5 轴刀具运动

"进刀运动"对话框：可定义进刀位置和方法。

"连续刀轨运动"对话框：可定义沿部件表面与驱动曲面交线的切削移动，同时保持与每个曲面的指定关系，直到刀具到达检查曲面。

"退刀运动"对话框：可定义从部件到避让几何体或到已定义的退刀点的非切削移动。

"点到点的运动"对话框：可创建直线非切削移动。

■ "顺序铣"工序的子工序

子工序是单独的刀具运动，它们共同形成了完整的刀轨。第一个子工序使用进刀运动对话框来创建从起点或进刀点到最初切削位置的刀具运动。其后的子工序使用连续刀轨运动对话框来创建从一个驱动曲面到下一个驱动曲面的切削序列，使用退刀运动对话框来创建远离部件的非切削移动，以及使用点到点的运动对话框来创建退刀和进刀之间的移刀运动。

每个子工序都需要将刀具定位在驱动曲面、部件表面和检查曲面的近侧、远侧或直接位于这些曲面上。刀具是位于曲面的近侧还是远侧取决于在进刀运动对话框中定义的"参考点"的位置。

驱动曲面、部件表面和检查曲面的说明如下：驱动曲面将引导刀具的侧面，部件表面将引导刀具的底部，检查曲面将停止刀具运动。刀具与驱动曲面和部件表面保持连续的接触。如图 2-80 所示为顺序铣曲面的示例。

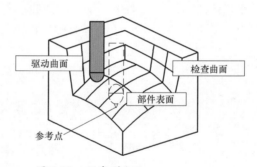

图 2-80　顺序铣曲面

2.7.3　管道加工

管道粗加工、管道精加工都是使用管道加工工序来加工复杂的内表面的，例如内燃机进气歧管（图 2-81）和汽缸盖的内表面，这些发动机组件通常使用铸件创建，并且端口的内部区域必须进行加工才能创建出能够提供最大气流速度的光顺表面。

管粗加工和管精加工工序类型可用于同时从两侧完整粗加工和完整精加工的端口内部。可以重叠管道中间的刀轨以确保完整而光顺地覆盖曲面。图 2-82 所示为管道加工刀轨的示例。

部件、检查几何体、毛坯几何体：可以在工序中指定或者在工件中定义部件和检查几何体，但只能在工件中定义毛坯几何体。

图 2-81　管道加工

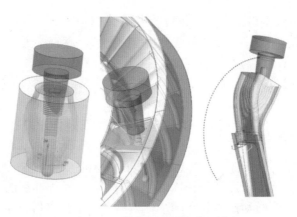

图 2-82　管道加工刀轨的示例

管道几何体：必须在管加工工序中指定切削区域，但是，不像其他可变轴曲面轮廓铣工序，可以包含不属于正在加工的实际部件的曲面，而不必创建单独部件或工件。

提示：切削区域中的所有面必须形成一个单个片体。

指定中心曲线 ▦ 命令可以定义曲面组中心的曲线几何体。

中心曲线定义以下内容：

· 切面的方向和光顺前的切削平面垂直于中心曲线。

· 管道外的退刀运动：退出管道时，中心曲线防止切削刀具与部件或任意剩余坯料发生碰撞。

· 管道的进入侧和退出侧：进入侧由中心曲线的起点决定，如图 2-83 所示。

提示：通过在进入侧附近选择曲线。可以使用反向 ✕ 按钮将起点更改至中心曲线另一侧。

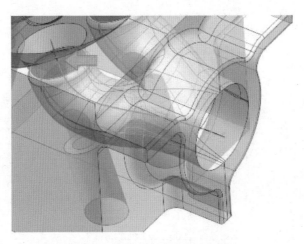

图 2-83　管道的进入侧和退出侧

中心曲线：应延伸至超出切削区域，尤其当在边上滚动刀具选项激活时，可以是一组连续成链的曲线和直线且必须与切削几何体保持距离，至少为刀具半径＋剩余坯料的长度，如果不指定中心曲线，NX 会假设管道的进入侧是最接近 +ZM 方向的一侧。

管道加工刀具：必须使用球头或球形切削刀具进行管道加工。

管粗加工和管精加工驱动方法：使用驱动方法对话框中，加工区域组中的命令来控制刀轨的行为，使用面命令控制刀轨是从两端还是仅从一端加工整个管道。

两侧选项：可用于加工两侧的管道，使用此方法可彻底加工管道，可以重叠管道中心的刀轨。

进入选项：可用于加工进入侧的管道，通过设置中心曲线的方向定义进入侧，如果不指定中心曲线，NX 将以 +ZM 轴对齐程度最高的侧面定义为进入侧。

退出选项：可用于加工退出侧的管道，通过设置中心曲线的方向定义退出侧，如果不指定中心曲线，NX 将以 -ZM 轴对齐程度最高的侧面定义为退出侧。

范围深度：可用于控制刀轨的深度。

中点选项：可用于加工从进入点或退出点开始且在管道中间结束的管道。如果不能从一侧到达管道的中点，管道加工工序会从另一侧尽量延伸刀轨以提供重叠。

进入侧的最大值选项：可用于从一侧加工管道至进入侧的最大深度点，同时避免未解算的碰撞。

退出侧的最大值选项：可用于从一侧加工管道至退出侧的最大深度点，同时避免未解算的碰撞。

指定选项：可用于手动设置刀轨的起点和终点。例如，刀轨可以从 10% 处开始，在 50% 处停止。

2.7.4 可变轴引导曲线

可变轴引导曲线工序的切削模式由一个或两个引导曲线驱动（图 2-84）。当加工包含底切或双接触点的复杂曲面时，可变引导曲线工序非常有用。

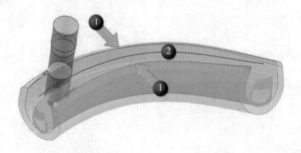

图 2-84　可变轴引导曲线工序

几何体选择：可以使用一对引导曲线①或单个曲线②创建可变引导曲线工序（图 2-84）。

部件几何体：包含"引导曲线驱动方法"中用于过切检查的面，可以使用"指定空间范围环"命令隔离由曲线几何体定义的封闭空间范围区域中的刀轨。

切削区域：包含要切削的面，当刀具与相邻面相切时，驱动方法停止生成刀轨，可以使用面来延伸或封盖开放区域进行控制刀轨的生成，即使它们不是部件几何体的成员。

引导曲线：开放曲线或封闭曲线的连续链，选中时，引导曲线的端点显示为星号，曲线起点处的箭头表示切削方向，可以使用 3D 曲线作为引导曲线。

刀具选择：引导曲线驱动方法仅支持球头刀、球面铣刀或 T 形铣刀。

避让和刀轴光顺：可以选择无、退刀、侧倾等避让方法中的一种，以防止刀具与部件之间发生碰撞。

可以使用输入控制对话框中的选项来控制光顺、旋转、前倾 / 侧倾、安全距离和刀轴。如图 2-85 所示，刀具加工了完整的内表面而没有碰撞到部件边。

图 2-85 "可变轴引导曲线"工序示例

2.7.5 多叶片铣

在多叶片铣加工中，使用多叶片铣工序来加工含多个叶片的部件，如叶轮或叶盘（带或不带分流叶片）。多叶片铣加工工序专用于加工叶片类型的部件，而且对于这些类型部件，此工序的加工效率最高。多叶片铣可以创建工序来进行粗加工、剩余铣、轮毂精加工、圆角精铣以及叶片和分流叶片精铣，如图 2-86 所示。

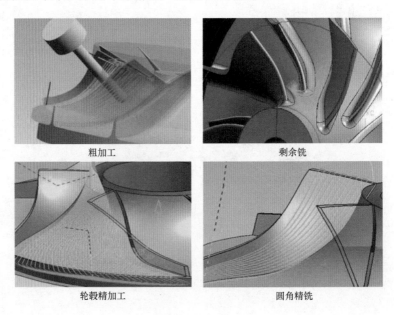

粗加工　　　　　　　　　　　剩余铣

轮毂精加工　　　　　　　　　圆角精铣

图 2-86 多叶片铣

多叶片铣工序支持以下任务：刀轴光顺、刀轨光顺、过程工件、夹持器碰撞检查和避让、预期结果预览。

多叶片铣没有几何限制，并且指定的几何体由所有工序类型共享。可以指定的几何体有多个分流叶片、带底切的弯叶片、含一个或多个曲面的叶片、UV 栅格未整齐排列的曲面，自动修复缝隙和重叠。

■ 多叶片粗铣工序

使用多叶片粗铣工序可对叶片类型的部件创建粗加工工序。多叶片粗铣工序是部件类型特定的粗加工工序，这种工序允许对多叶片类型的部件进行多层、多轴粗加工，粗加工是自上而下进行的，如图 2-87 所示。

多叶片粗铣工序可以定义以下各项：多层切削、切削模式、深度（通过添加内嵌切削的中间层，可以增加粗加工刀路的切削深度）起点和切削方向、刀轴前倾角 / 后倾角和侧倾角、刀轨和刀轴光顺、毛坯几何体或 IPW（用于余量定义）。

图 2-87　多叶片粗铣工序

■ 多叶片轮毂精加工工序

使用轮毂精加工工序可为多个轮毂创建精加工刀轨。轮毂精加工是特定部件类型的精加工工序，这些工序允许对多叶片类型的部件进行轮毂精加工，如图 2-88 所示。

多叶片轮毂精加工工序可以定义以下各项：切削模式、起点和切削方向、刀轴前倾角 / 后倾角和侧倾角、刀轨和刀轴光顺。

轮毂精加工工序具有以下特性：不需要包覆几何体，不加工圆角，不切削相邻叶片圆角的接触和覆盖到轮毂的地方。

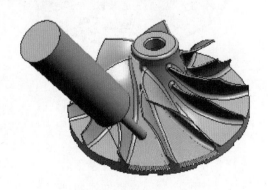

图 2-88　多叶片轮毂精加工工序

■ 多叶片精铣工序

使用叶片精铣工序可向下精加工叶片和叶根圆角，直至轮毂。叶片精铣是特定部件类型的精加工工序，这些工序允许对多叶片类型部件的叶片或分流叶片进行多轴精加工。

多叶片精铣工序可以定义以下各项：要切削的面、切削模式、切削层、起点和切削方向、刀轴前倾角 / 后倾角和侧倾角。还可以通过将切削侧选项设置为对立面来对相邻叶片的对立面进行精切削或指定检查几何体余量，将叶片余量或检查余量应用到相邻叶片。对于叶片精铣工序，相邻叶片或分流叶片的几何体将被视为检查几何体，但切削对立面时除外。

侧刃切削叶片时通过刀轴选项，使用刀具的侧面对叶片进行侧切精加工，如图 2-89 所示。

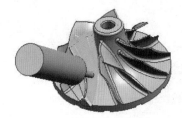

图 2-89　多叶片精铣工序

■ 多叶片圆角精铣工序

使用多叶片圆角精铣工序精加工多叶片叶轮和叶盘的圆角区域。可以先使用较大的刀具精加工叶片，然后使用较小的刀具精加工叶片和轮毂之间的区域（图 2-90）。

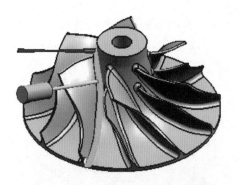

图 2-90　多叶片圆角精铣工序

2.8　加工坐标系（MCS）的使用

在默认情况下，所有坐标系均为局部坐标系。如果装夹偏置需要在机床的旋转中心定义主坐标系，可在"几何视图"中的主坐标系下创建局部坐标系，以表示各个装夹的偏置位置。

坐标系设置

为了创建有效的数控代码用于物理机床和仿真，后置处理器必须正确识别机床的零位置。为了确保这种识别，制造设置应满足以下 MCS 要求：

- "铣削方位"设置只能包括一个 MCS，其"目的"选项设置为"主要"。
- 安装中的任何其他 MCS 必须将"用途"选项设置为"局部"。
- 必须将主 MCS 放置在与机床零坐标原点相同的位置和方向上。
- 每台机床只能包括一个坐标原点，该原点被归类为零号机床。

特殊输出

如果 MCS 的"特殊输出"选项被设置为"夹具偏置"，则后处理器将输出基于"夹具偏置"值的"夹具偏置"语句；如果 MCS 的"特殊输出"选项被设置为"坐标系旋转"，则后处理器输出一条语句来定义平移和旋转。MCS 可以分配任何名字，NX 使用"夹具偏置"中的值来确定后处理器的输出。图 2-91 所示为"工序导航器"层次结构和 MCS 显示。

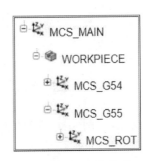

图 2-91　工序导航器

表 2-4 列出了每个 MCS 的选项设置和后处理器输出。

表 2-4　MCS 的选项设置和后处理器输出

铣削方位设置				后处理器输出		
MCS	用途	特殊输出	夹具偏置	S840D	FANUC	TNC
MCS_主要	主要		0			
MCS_G54	局部	夹具偏置	1	G54	G54	CYCL DEF 7.0
MCS_G55	局部	夹具偏置	2	G55	G55	CYCL DEF 7.0
MCS_ROT	局部	坐标系旋转	2	AROT	G68	PLANE SPATIAL

习题

一、多选题

1. 平面铣中，对粗加工后局部大量残留材料的二次加工通过（　　　）实现。

A. 局部加工 　　　　　　　　　　　　B. 使用 IPW 过程的毛坯

C. 添加比当前刀具大的参考刀具 　　　D. 与前道工序在同一毛坯下

2. 型腔铣（CAVITY_MILL）既能加工平面直壁的部件又能加工（　　　）的任何形状的部件，它在定义加工几何体时是 3D 的（　　　），层与层之间的刀轨的形状与部件的（　　　）有关。

A. 曲面类 　　　　　B. 三维实体模型 　　　　　C. 边界 　　　　　D. 轮廓形状

3. 型腔铣加工可以不指定毛坯几何体的情况有（　　　）。

A. 只有在指定加工区域时

B. 对于上表面平行于 XY 平面的型腔凹的工件

C. 在使用轮廓加工切削模式时

D. 在首先定义部件几何体情况下，再进一步指定加工区域时

4. 切削层深度确定的原则是：在部件中越（　　　）的表面允许越大的切削层深度，而越接近（　　　）的表面切削层深度应越小，其目的就是保证加工后残料均匀一致，以利于后续精加工。

A. 粗糙　　　　　　　B. 陡峭　　　　　　　C. 精细　　　　　　　D. 水平

5. 等高轮廓铣最适合陡峭面加工，但有两个优化参数完全满足曲面的半精加工，它们分别是（　　　）和（　　　）。

A. 层的优化　　　　　B. 混合铣削　　　　　C. 层间切削　　　　　D. 合并距离

6. 曲面轮廓铣投影法的核心原理是（　　　）。

A. 选择驱动方式，由驱动几何体生成一次刀轨

B. 将一次刀轨沿投影矢量方向进行投射

C. 同时考虑刀具的真实形状

D. 在部件几何体的表面产生最终刀轨

二、填空题

1. 平面铣削加工类型：部件边界和检查边界，它的材料侧是要 _____，毛坯边界和修剪边界，它的材料侧是要 _____。

2. 曲面轮廓铣中投影矢量是用来规定驱动点如何向部件表面上投射，同时决定刀具 _____ 部件的哪一侧的方向。

3. 曲面轮廓铣工序中 _____ 驱动方法是没有投影矢量选项的。

4. 平面铣能够加工平面和直壁，优点是平面铣可以精确 _____ 轮廓，不会产生 _____ 或者 _____，具有更高的精度，适用于轮廓的精加工。

5. 曲面轮廓铣工序中如果选择"曲面"和"流线"的驱动方法，那么投影矢量中就会多出"垂直于驱动体"和"朝向驱动体"两个选项（驱动曲面法线已进行适当定义并且变化非常平滑时使用这些选项）。使用"垂直于驱动体"加工 _____，使用"朝向驱动体"加工 _____。

6. 刀轴可以定义"固定刀轴"和"可变刀轴"方位。对于"固定轴曲面轮廓铣"工序，_____ 将保持与指定矢量平行。对于"可变轴曲面轮郭铣"工序，加工时，_____ 在沿刀轨移动时将不断改变方向。

项目 3　NX 多轴加工编程

【学习目标】

知识目标
☐　掌握特定零件多轴加工工艺路线的确定方法
☐　掌握 5 轴定向加工方法及常用加工参数
☐　掌握可变轴加工模块中有关部分的驱动体和刀轴选项的应用

技能目标
☐　具备合理选择加工刀具，独立编制类似零件加工工艺的能力
☐　能运用常用铣削加工技术完成特定零件的 3+2 数控加工刀轨的编制
☐　能运用常用铣削加工技术完成特定零件的多轴联动数控加工刀轨的编制

如图 3-1 所示的"品"3D 模型主要有三部分组成：球体、底盘、连接球体和底盘的支承柱。此模型是一体成型件，球体上有围绕球心均匀分布的三个不同方向的通孔特征，支承柱与球体和底盘分别有圆角过渡特征。

基于以上特征要求，如果选择 3 轴机床加工需要制作专用夹具，如果选择 4 轴机床加工则无法加工三个不同方向的通孔特征，所以最终选择采用 5 轴机床加工。

图 3-1　3D 模型

■ 确定工艺过程

① 零件图分析，工艺分析。

② 设计机械加工工艺过程。

③ 根据零件图绘制"品"3D 模型和多轴加工前道工序模型及工序图。

④ 根据零件特征设置加工坐标系，选择合适的数控刀具，规划合理的加工步骤。

⑤ 根据规划的加工步骤生成相应的粗、精加工操作。

3.1.1　零件图分析及工艺分析

■ 零件图分析

零件图如图 3-2 所示。"品"3D 模型零件的技术要求有：

① 材料为铝合金，毛坯形式是 $\phi80mm \times 98mm$ 的冷拔棒料。

② 底盘下端面是基准轴面 A，只允许添加去除材料的特征。底盘上端面有 10° 的拔模斜度。

③ 基准轴线 B 是 $\phi70js7$（±0.015）mm 底盘圆柱体的轴线，与基准 A 面的垂直度公差为 $\phi0.025mm$；

④ 支承圆柱两端有 $R6mm$ 的倒圆特征。

⑤ $S\phi70mm$ 主体球球心与基准面 A、基准轴线 B 的位置度公差为 $S\phi0.08mm$。

⑥ 在球体中三个贯通孔形成的六个端口相对于基准轴线 *B* 的对称度公差为 0.08mm。

⑦ 工件表面不能有明显接刀痕。

⑧ 工件表面不能有修磨的痕迹（底盘下端面除外）。

⑨ 除标注外表面的粗糙度值为 *Ra*3.2μm。

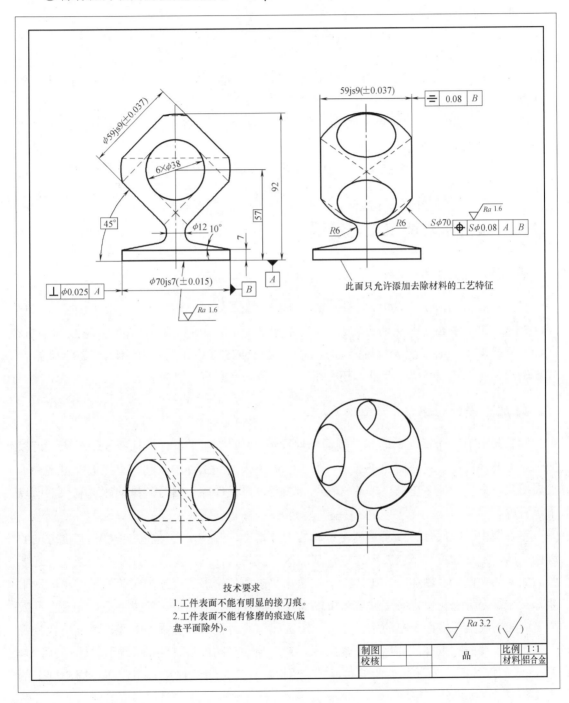

图 3-2　零件图

■ 零件图工艺分析

为满足零件图的各项技术要求，需有以下工艺措施：

① 分粗精加工工序，精加工选择铣削铝合金专用的刀具切削，改善切削状态，保证 $Ra3.2\mu m$ 的表面粗糙度。

② 底盘下端面和圆柱面在一次装夹中完成，保证基准 A 面和基准轴线 B 的垂直度公差。

③ $S\phi70mm$ 主体球球心与基准面 A、基准轴线 B 的位置度公差（$S\phi0.08mm$）由 5 轴机床及专用夹具保证。

④ 三个贯通孔形成的六个端口相对于基准轴线 B 的对称度公差（0.08mm）由 5 轴机床及专用夹具保证。

⑤ 连续轮廓用同一支球头立铣刀或圆角铣刀加工，保证工件表面没有明显接刀痕出现。

3.1.2　设计机械加工工艺过程

■ 现有加工条件

加工设备有 DMG-NEF400 斜身式数控车床、GSVM654 鑫泰数控铣床（3 轴）、远州 JE80S 卧式加工中心（配交换旋转台）、米克朗高速加工中心（3 轴）、电火花线切割机、HAAS 立式加工中心（配 A 轴回转台）、海德汉 iTNC530 系统的 HERMLE_C30U 双摆台式 5 轴五联动加工中心等，此外，还有钳工用工作台及配套工具等。

■ 加工设计思路

圆棒料只有三个面（顶面、外圆面和底面），在现有加工条件下选择 5 轴机床，可以加工顶面及外圆面，只有底面不加工。加工时如果采用夹工件的一端，直接选择自定心卡盘夹持比较方便，但多出的夹持端材料将会浪费掉，且切除余料时装夹问题更复杂，所以不予考虑。

零件图中工件底盘下端面是高度方向的设计基准，圆柱中心轴线是长度和宽度方向的设计基准，多轴加工时不仅要考虑定位基准尽可能与设计基准重合，减小定位误差，还要考虑如何装夹便于多轴加工（比如三个贯通孔和模型外轮廓的连续加工等）时避免出现干涉。鉴于以上考虑，决定将工件底盘下端面及外圆柱面在前几道工序中完成，并且在同次装夹中加工底盘下端面中心的圆锥孔，用圆锥孔轴线替代外圆柱基准轴线，后续用数控铣床在底盘下端面加工螺纹孔用于锁紧工件。考虑到底盘高度只有 7mm，所以只能采用 M4 深 5mm 的螺纹孔，为保证锁紧的可靠性，经粗略计算，设计使用八个均布在同心圆上的螺纹孔。

最后将加工后的工序毛坯与工艺夹头配合，安装在自定心卡盘上，如图 3-3 所示。

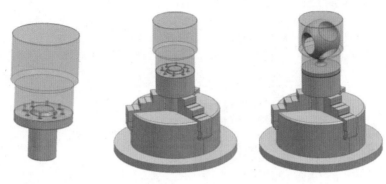

图 3-3 装夹示意图

■ 最终加工工艺过程（见表 3-1）

表 3-1 加工工艺过程

材料牌号	7075	毛坯种类		冷拔圆棒	毛坯外形尺寸		$\phi80mm\times98mm$
序号	工序名称	工序内容			设备名称		工艺装备
1	下料	锯 $\phi80mm\times98mm$ 铝合金圆棒			G4025		
2	车	夹工件，两次装夹，车全部至工序图样要求			DMG-NEF400		自定心卡盘
3	钻	以加工端面及外圆定位作基准，装夹工件，钻螺纹底孔至 $8\times\phi3.3mm$			GSVM654		自定心卡盘
4	钳	攻螺纹 $8\times M4$，去毛刺、飞边					
5	铣	以加工端面及端面锥孔作定位基准，装夹工件，铣全部至图样要求			HERMEL_C30U		自定心卡盘
6	检验	见检验卡					

3.1.3　3D 模型及相关工艺图绘制

■ 主要建模步骤

通过菜单→插入→设计特征→球，建立球模型，指定点为绝对坐标原点，操作步骤如图 3-4 所示，效果图如图 3-5 所示。

1）选择拉伸命令，在 XZ 平面上建立一个内切圆半径为 35mm 并旋转 45°的四边形草图，对称拉伸距离 35mm。拉伸效果图如图 3-6 所示。

2）在拉伸后的方体的相邻的两个面上建立尺寸为 $\phi38mm$ 圆的草图，使用"平面、X 轴、点"的方式确定草图坐标系，注意两个草图坐标系的 X 轴要保持同向，草图如图 3-7 所示。选用曲线一栏中的投影曲线功能，投影的曲线为上一步的圆形草图，对象选择的是整个球体，沿投影矢量方向投影，投影效果图如图 3-8 所示。

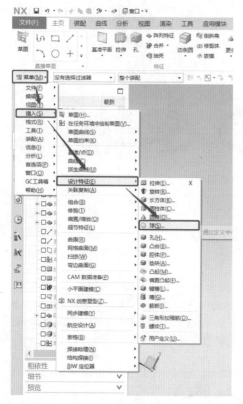

图 3-4　操作步骤

图 3-5　效果图

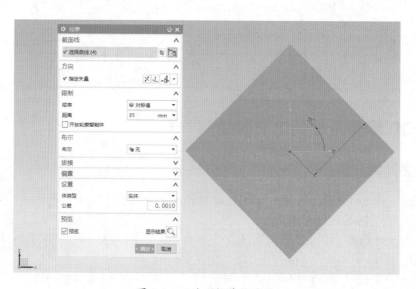

图 3-6　四边形拉伸效果图

3）建立直纹面，在曲面网格划分中选择直纹功能，选择之前步骤中完成的两个圆，完成直纹面，直纹面效果图如图 3-9 所示。

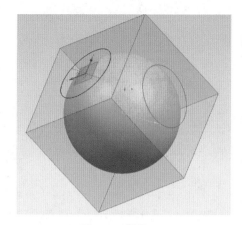

图 3-7 草图

图 3-8 投影效果图

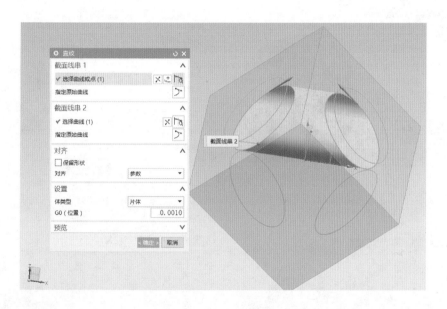

图 3-9 直纹面效果图

4）将直纹面进行圆形阵列。通过选择功能栏中的阵列特征，选择直纹面进行圆形阵列，指定旋转轴的矢量为绝对坐标原点和一个方形角的连线，此线处在绝对坐标系的第四象限，阵列特征设置图如图 3-10 所示。数量和间距角分别为 3 和 120°，最终完成的直纹面圆形阵列效果图如图 3-11 所示。

5）隐藏正方体及线特征。通过菜单→插入→圆柱特征，建立支承圆柱体并与球体合并，其过程如图 3-12 所示。通过菜单→插入→修剪→修剪体功能把球体作为目标体，三个直纹面作为修剪工具，生成有三个贯通孔的球体，如图 3-13 所示。

6）隐藏所有直纹面，将实体的透明度显示为 0。通过拉伸命令生成底盘特征并与实体合并，如图 3-14 所示。将底盘上表面进行拔模处理，如图 3-15 所示。

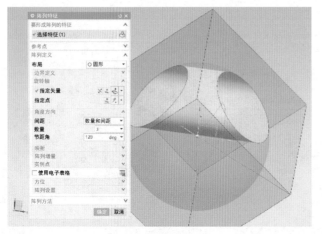

图 3-10 阵列特征设置图

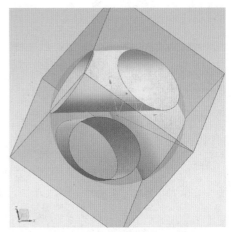

图 3-11 直纹面圆形阵列效果图

图 3-12 生成圆柱特征示意图

图 3-13 直纹面修剪完成图

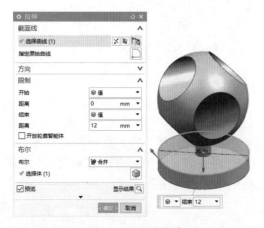

图 3-14 拉伸底盘

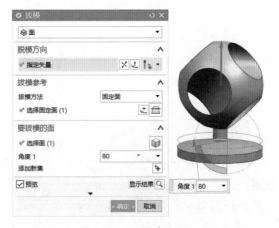

图 3-15 拔模特征图

7）将支柱与球体相连的面、支柱与底盘相连的面进行边倒圆，选择主页中边倒圆功能，混合面连续性中选择 G1（相切），形状为圆形，半径为 6mm，如图 3-16 所示。最终建模完成效果图如图 3-17 所示。较详尽的建模过程请扫描二维码进行学习。

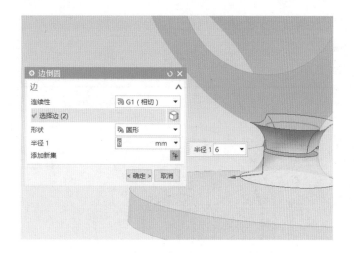

图 3-16　边倒圆制作图

图 3-17　最终建模完成效果图

建模过程

■ 多轴加工用工序毛坯（图 3-18）及工艺夹头模型（图 3-19）（绘制过程略）

图 3-18　毛坯

图 3-19　工艺夹头模型

■ 多轴加工用工序毛坯零件图（图3-20，绘制过程略）

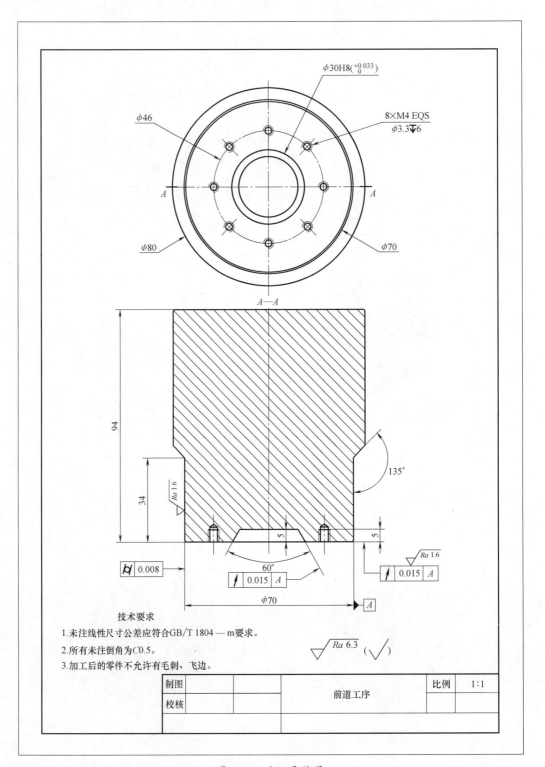

技术要求

1.未注线性尺寸公差应符合GB/T 1804 — m要求。

2.所有未注倒角为C0.5。

3.加工后的零件不允许有毛刺、飞边。

制图			前道工序	比例	1:1
校核					

图 3-20　毛坯零件图

■ 工艺夹头零件图（图 3-21，绘制过程略）

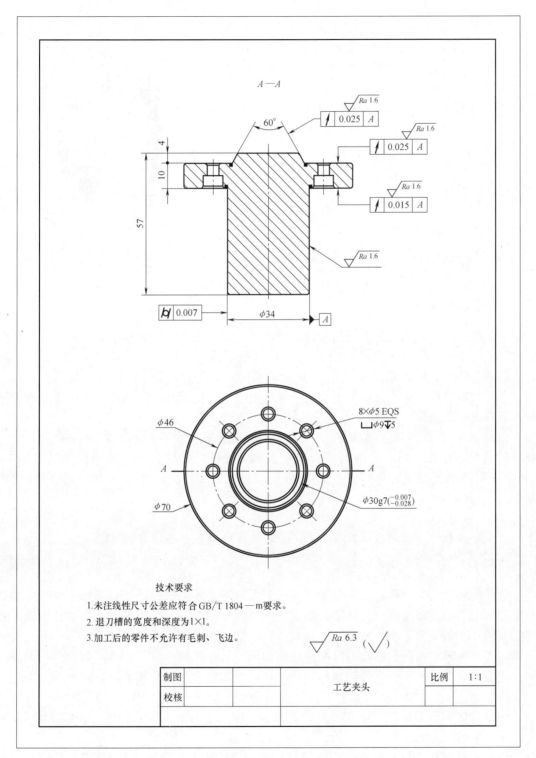

技术要求

1.未注线性尺寸公差应符合GB/T 1804—m要求。

2.退刀槽的宽度和深度为1×1。

3.加工后的零件不允许有毛刺、飞边。

制图			工艺夹头	比例	1:1
校核					

图 3-21　工艺夹头零件图

3.2 零件多轴加工编程

经过前期 4 道工序的工艺设计准备，可以进入多轴加工编程阶段，加工设备是 HERMLE_C30U 摇篮式 5 轴加工中心，如图 3-22 所示。

在零件的多轴铣削加工编程任务执行中要注意以下几点：

① 加工原点尽可能与设计原点重合。

② 粗加工外形时支承柱特征应预留更多的余量，保证孔粗加工时的刚度。

③ 5 轴定向加工三个通孔时要注意初始进刀的矢量方向，应避免主轴与工作台出现干涉。

④ 整体外轮廓精加工时应选择适应的几何驱动体和刀轴，调整好刀轴参数。

图 3-22　HERMLE_C30U 摇篮式 5 轴加工中心（图片源自 VERICUT）

3.2.1　铣削加工技术应用选择及说明

■ 加工技术分析

对当前工序毛坯的粗加工采用多轴定位加工，加工过程中刀具轴线相对固定，可以保证加工过程中快速去除大余量时的工件刚度。"自适应铣"铣削工序是在垂直于固定轴的平面层进行切削（属于定向加工），可对一定量的材料进行粗加工，同时维持刀具进刀一致，考虑到本零件的加工数量不多，粗精加工使用同一把刀具，所以此操作比较有利于延长刀具寿命和高速加工。

但是定向加工也有它的缺点，如三个贯通孔因为角度的关系，只能被加工去除一部分的材料，由此，需要将孔轴线方向作为刀轴方向，继续对三个贯通孔进行粗加工。"剩余铣"铣削工序是使用型腔铣高效的去除之前工序所遗留下来的材料，比较适合此操作。

> 提示：采用"剩余铣"工序的前提是切削区域由基于层的 IPW 定义的，并且和前道工序在同一个工件下。

零件的精加工和半精加工除三个贯通孔采用"等高轮廓铣"进行定轴加工外，其他曲面轮廓采用"可变轴轮廓铣"加工。通过前两个项目的学习，确定使用两齿球头立铣刀并发挥多轴加工的优势，将主轴或工件倾斜 15°，使切削区域远离刀具中心，又由于在较小且均匀地切深时，切削刃的吃刀时间较短，切削区域的热传播时间变短，切削刃和工件都保持较低的温度，并且由于切屑减薄效应，还可增加每齿的进给量 f_z，因此可有效地提高切削速度 v_c。

如果考虑有利于后续抛光还可以设置每齿进给量 $f_z \approx a_e$（切削宽度），实现所有方向上都对称的光滑表面结构。

通过对铣削加工技术应用方面的考虑，多轴数控加工工序安排见表 3-2，数控刀具卡片见表 3-3。

表 3-2 多轴数控加工工序

多轴数控加工工序卡				零件名称		材料名称	零件数量
				品		7075	10
设备名称	HERMLE_ C30U	系统型号	iTNC530	夹具名称	自定心卡盘	毛坯尺寸	$\phi80mm\times94mm$
工步号	工步内容		刀具号	主轴转速 /（r/ min）	进给量 / (mm/min)	切削深度 /mm	操作名称
1	整体定向粗加工		15	2785	891	2	自适应铣削 ADAPTIVE MILLING
2	三贯通孔定向粗加工		15	3979	358	0.5	剩余铣 REST MILLING
3	三贯通孔定向精加工		15	3979	358	6	深度轮廓铣 ZLEVEL PROFILE
4	整体外轮廓半精加工		17	6631	397	0.02 残余高度	型腔铣 CAVITY MILL
5	球体精加工		17	6631	663	0.001 残余高度	可变轮廓铣 VARIABLE CONTOUR
6	支承柱精加工		17	6631	265	0.001 残余高度	可变轮廓铣 VARIABLE CONTOUR
7	底盘斜面精加工		17	6631	663	0.01 残余高度 2	可变轮廓铣 VARIABLE CONTOUR

表 3-3 数控刀具卡片

序号	刀具号	刀具名称	刀具规格 /mm	刀具材料
1	T15	三刃铝用铣刀	D20	硬质合金
2	T17	两刃球头铝用铣刀	D12R6	硬质合金

3.2.2 关键加工步骤

■ 创建加工坐标系和毛坯

双击工序导航器→几何视图界面中的 MCS 图标，弹出 MCS 设置对话框，如图 3-23
所示。

> 提示：红框中的参数设置。

创建毛坯的步骤（略）。

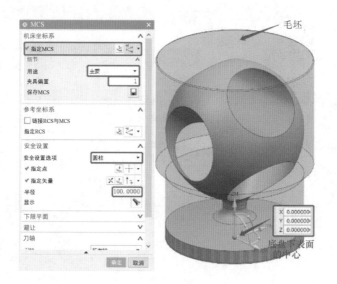

图 3-23　创建加工坐标系和毛坯

■ 创建刀具

切换到工序导航器→机床视图界面，单击 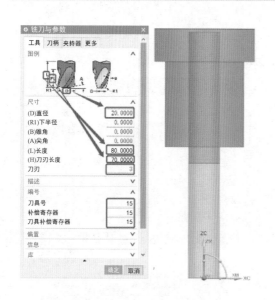 图标，创建 D20 三刃铣刀和 D12R6 两刃球头立铣刀，如图 3-24、图 3-25 所示。

提示：刀柄参数可根据实际选用填写。

图 3-24　创建三刃铣刀

图 3-25　创建两刃球头立铣刀

■ 整体定向粗加工

整体定向粗加工分为加工顶部、前部、后部三部分，选择"自适应铣削 ADAPTIVE_MILLING"工序。

相同参数：

"刀轨设置"选项："平面直径百分比"设置为"60"，"公共每刀切削深度"选择"恒定"，"最大距离"设为"2mm"，进给率和速度按工序卡设置。

不同参数：

① 顶部：刀轴保持默认的"+ZM 轴"，在切削层选项卡内，将"范围深度"更改为"38"。

② 前部：刀轴选择"指定矢量"，选择 YC，在切削层选项卡内，将"范围深度"更改为"41"。

③ 后部：刀轴选择"指定矢量"，选择 YC，在切削层选项卡内，将"范围深度"更改为"41"。

三个操作生成的刀轨及仿真的结果如图 3-26 ～图 3-31 所示。

图 3-26 顶部刀轨

图 3-27 顶部加工仿真

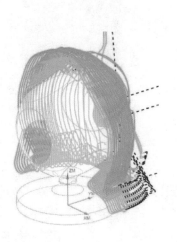

图 3-28 前部刀轨

图 3-29 前部加工仿真

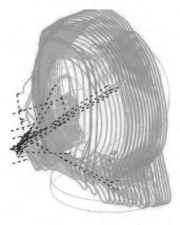

图 3-30　后部刀轨

图 3-31　后部加工仿真

■ 三贯通孔定向粗加工（三个工序）

在剩余铣 REST_MILLING 工序中需指定切削区域 🔲。"刀轨设置"选项中将"切削模式"选择 🔲 跟随周边，"平面直径百分比"设置为"20"，"公共每刀切削深度"选择"恒定"，"最大距离"是"0.5mm"，刀轴选择"指定矢量"，选择各孔的轴线方向，在切削层选项卡内，将"范围深度"更改为"73.5mm"，进给率和速度按工序卡设置。生成刀轨及仿真的结果如图 3-32 和图 3-33 所示。

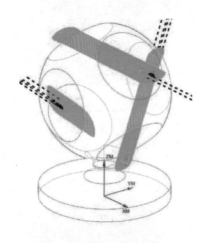

图 3-32　刀轨

图 3-33　加工仿真

■ 三贯通孔定向精加工（三个工序）

在深度轮廓铣 ZLEVEL_PROFILE 工序中需指定切削区域 🔲。"刀轨设置"选项中将"合并距离"设置为"1mm"，"最小切削长度"设置为"0.2mm"，"公共每刀切削深度"选择"恒定"，"最大距离"是"6mm"，刀轴选择"指定矢量"，选择各孔的轴线方向，在切削层选项卡内，将"范围深度"更改为"70mm"，"切削层"选择"最优化"，进给率和速度按工序卡设置。生成的刀轨及仿真结果如图 3-34 和图 3-35 所示。

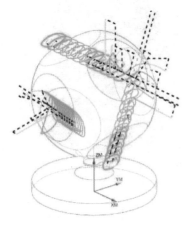

图 3-34　刀轨

图 3-35　加工仿真

■ 整体外轮廓半精加工

分前、后两部分加工，选择型腔铣 CAVITY_MILL 工序。

相同参数：

需指定切削区域 ![icon]（避免铣到孔），"刀轨设置"选项中，将"切削模式"选择 ![icon] 跟随部件，"平面直径百分比"设置为"30"，"公共每刀切削深度"选择"残余高度"，"最大残余高度"为"0.02mm"，在切削层选项卡内，将"范围深度"更改为"41mm"，进给率和速度按工序卡设置。

不同参数：

① 前部：刀轴选择"指定矢量"，选择 ![YC]。
② 后部：刀轴选择"指定矢量"，选择 ![-YC]。

上述两个操作生成的刀轨及仿真结果如图 3-36 ～图 3-39 所示。

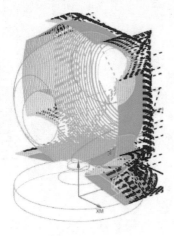

图 3-36　前部刀轨

图 3-37　前部加工仿真

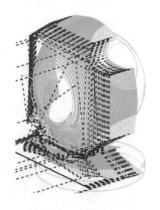

图 3-38　后部刀轨　　　　　　　　　图 3-39　后部加工仿真

■ 球体精加工

球体精加工分顶部、中部、底部三部分，选择"可变轮廓铣 VARIABLE_CONTOUR"工序。

相同参数：

"驱动方法"选项组选择"曲面区域"，单击 🦴 进入"面区域驱动方法"对话框，"切削模式"选择 ⦵ **螺旋**，"步距"选择"残余高度"，"最大残余高度"为"0.001mm"，"切削步长"选择"公差"，内外公差均为"0.001mm"。

"投影矢量"选项组选择"刀轴"。

"刀轴"选项组选择"4轴，相对于驱动体"，单击 🦴，"旋转轴指定矢量"选择 **ZC↑**，"前倾角"为"15°"。

不同参数：

① 顶部："指定驱动几何体"选择球体顶部。

② 中部："指定驱动几何体"选择球体中部。

③ 底部："指定驱动几何体"选择球体底部。

上述三个操作生成的刀轨及仿真结果如图 3-40～图 3-45 所示（也可尝试整体加工）。

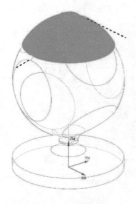

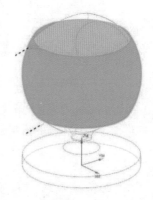

图 3-40　顶部刀轨　　　　　　图 3-41　顶部加工仿真　　　　　　图 3-42　中部刀轨

图 3-43　中部加工仿真

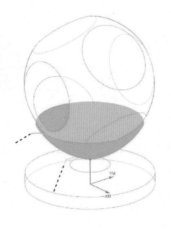

图 3-44　底部刀轨

图 3-45　底部加工仿真

■ 支承柱精加工

复制"球体精加工"操作。

修改"指定驱动几何体"为支承柱面。

修改"刀轴"为"远离直线"，直线是零件的轴线。

进给率和速度按工序卡设置。

生成的刀轨及仿真结果如图 3-46 和图 3-47 所示。

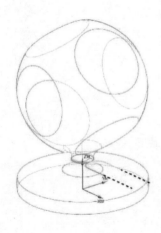

图 3-46　刀轨

图 3-47　加工仿真

■ 底盘斜面精加工

复制"支承柱精加工"操作。

修改"指定驱动几何体"为底盘斜面。

进给率和速度按工序卡设置。

生成的刀轨及仿真结果如图 3-48 和图 3-49 所示。

项目 3

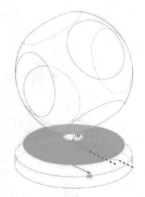

图 3-48　刀轨

图 3-49　加工仿真

详尽的零件多轴加工编程请从上到下，从左到右依次扫描下面二维码进行学习。

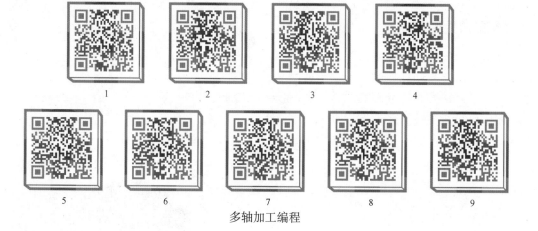

1　　　　　　2　　　　　　3　　　　　　4

5　　　　　　6　　　　　　7　　　　　　8　　　　　　9

多轴加工编程

习题

按要求完成制订图 3-50 ～ 图 3-52 零件的机械加工方案。

1. 零件分析，工艺分析。

2. 设计机械加工工艺过程。

3. 根据零件 3D 模型绘制多轴加工前道工序模型及工序图。

4. 根据零件特征设置加工坐标系，选择合适的数控刀具，规划合理的加工步骤。

5. 根据规划的加工步骤生成相应的粗、精加工操作工序。

图 3-50　零件模型 1

图 3-51　零件模型 2

图 3-52　零件模型 3

项目 3

项目 4 NX 多轴后处理

【学习任务】

4.1 NX 多轴后处理相关知识
4.1.1 后置处理常用的开发方法
4.1.2 多轴机床运动学

4.2 多轴后置处理定制过程
4.2.1 机床页参数设定
4.2.2 程序和刀轨页基本参数设定
4.2.3 部分优化参数设定

【学习目标】

知识目标
☐ 了解后处理开发方法
☐ 了解多轴机床后处理过程
☐ 了解事件处理文件、事件定义文件、事件生成器的相互关联作用
☐ 掌握通过修改控制器库中现有文件，定制后处理的关键方法

技能目标
☐ 能以 HERMLE_C30U 机床 Heidenhain 系统为例制作含 3+2 定向加工处理文件
☐ 能以 HERMLE_C30U 机床 Heidenhain 系统为例制作 5 轴联动加工处理文件
☐ 能优化后处理文件中的部分参数，使其满足实际加工需求

4.1 NX 多轴后处理相关知识

后处理是数控加工中的一个重要环节。使用 NX 加工模块生成刀轨，刀轨中包含 GOTO 点和其他机床控制的指令信息。由于不同的机床控制系统对数控程序格式的要求不同，所以这些 NX 刀轨源文件不能直接被控制系统使用，因此，NX/CAM 中的刀轨必须经过处理，转换成机床控制器能接受的数控程序格式方可使用，这一处理过程就是"后处理"。

NX 软件中输出的刀位轨迹源文件（CLSF）是加工刀具刀尖点的数据，但由于在实际加工过程中机床结构的不同，需要将刀尖点的数据转换成机床工作台移动的数据来实现驱动机床的运动，所以后处理必须具备两个要素。

① 刀轨：NX 内部刀轨。

② 后处理器：一个包含机床和控制系统信息的处理程序，它读取刀轨数据，再转化成机床可接收的代码。

4.1.1 后置处理常用的开发方法

NX/Post 是常用的后处理器。NX/Post Builder（后处理构造器）是一个非常方便的创建和修改后处理的工具，通过 NX/Post Builder 图形界面的交互方式可以灵活定义数控程序的格式和输出内容，也可以定义程序头尾、操作头尾、换刀、循环等每一个事件的处理方式。NX/Post Builder 对话框（图 4-1）可执行以下操作。

图 4-1 后处理构造器对话框

- 在"创建新的后处理程序"对话框中定义一个新的后处理程序。
- 编辑现有的后处理程序。
- 管理其他对话框的可用帮助形式。

使用 NX/Post Builder 定制符合机床控制系统要求的数控程序的后处理流程，如图 4-2 所示。

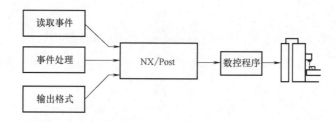

图 4-2 后处理流程

后处理流程是由"事件生成器"读取刀轨源文件中的每一个事件，然后在"事件处理文件（.tcl）"中决定每个事件的处理方式，通过"事件定义文件（.def）"控制每个事件处理后的输出格式，最后，将每个事件被处理后的程序写入输出文件，形成最终的驱动数控机床运动的数控加工程序。

采用 NX/Post Builder 建立后处理，系统会产生三个文件，一个是事件定义文件（.def），包含了指定机床控制系统的静态信息和程序格式；一个是事件处理文件（.tel），定义了每一个事件的处理方式；还有一个是后处理用户界面文件（.pui），通过它可利用 Post Builder 来修改事件处理文件和事件定义文件，并可进行客户化后处理。关于 NX/ 后处理构造器的介绍请扫描下面二维码进行学习。

NX/ 后处理构造器介绍

4.1.2 多轴机床运动学

5 轴机床的旋转轴分依赖轴和非依赖轴。

当另一个旋转轴运动时，不影响这个旋转轴的旋转方向和旋转平面的就是非依赖轴；当另一个旋转轴运动时，这个旋转轴改变了旋转方向和旋转平面的就是依赖轴。以 5 轴双转台机床为例，与床身连接的旋转轴是非依赖轴，即第 4 轴（图 4-3 中的 A 轴），另一旋转轴为依赖轴，见第 5 轴（图 4-3 中的 C 轴）。

对于 5 轴双摆头机床，直接装夹刀具的旋转轴是第 5 轴，另一旋转轴为第 4 轴。对于 5 轴带一转台一摆头机床，摆头永远是第 4 轴，而转台则是第 5 轴。

机床坐标系与第 4 轴、第 5 轴旋转中心的关系如图 4-4 所示。

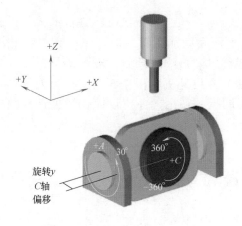

图 4-3　双转台结构

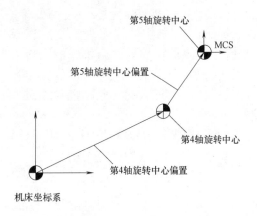

图 4-4　机床坐标系与第 4 轴、第 5 轴旋转中心的关系

以 HERMLE_C30U 机床为例（图 4-5），机床侧 A 轴和 C 轴的旋转中心相对机床参考点的偏移补偿参数包括：A 轴旋转中心相对机床参考点在 Y 轴方向的距离；A 轴旋转中心相对机床参考点在 Z 轴方向的距离；C 轴旋转中心相对 A 轴旋转中心在 Z 轴方向的距离；C 轴旋转中心相对机床参考点在 X 轴方向的距离；C 轴旋转中心相对 A 轴旋转中心在 Y 轴方向的距离（图 4-6）。

图 4-5　HERMLE_C30U 机床

图 4-6　A、C 轴中心偏移参数页面

HERMLE_C30U 机 床 还 有 一 个 重 要 的 辅 助 功 能，即 TCPM（Tool Centre Point Management，刀具中心点管理），当机床运行五坐标联动加工程序时，刀位点是其相对于工件坐标系的位置点，当机床的回转轴参与运动时，直线轴会做出额外的补偿运动来保持刀尖点相对于工件坐标系的位置，补偿运动的方位是机床根据 5 轴变换后刀具位置精度的标定参数进行的。此功能可通过 M128 辅助指令调用，并可以简化后处理参数的设置。

运行的刀尖位置保持功能指令用于计算的矩阵算法如下所示

$$P'_{(x,y,z)} = T_{C}T_{A}P_{(x,y,z)} \tag{4-1}$$

式中，T_{C} 为绕 Z 轴旋转 C 角后在 XY 平面内的坐标变换；T_{A} 为绕 X 轴旋转 A 角后在 YZ 平面内的坐标变换；P 为初始坐标。

$$T_A = \begin{bmatrix} 1 & 0 & 0 & 0 \\ 0 & \cos(A) & -\sin(A) & \delta_{Ay} \\ 0 & \sin(A) & \cos(A) & \delta_{Az} \\ 0 & 0 & 0 & 1 \end{bmatrix} \tag{4-2}$$

$$T_C = \begin{bmatrix} \cos(c) & \sin(c) & 0 & \delta_{Cx} \\ -\sin(c) & \cos(c) & 0 & \delta_{Cy} \\ 0 & 0 & 1 & 0 \\ 0 & 0 & 0 & 1 \end{bmatrix} \tag{4-3}$$

$$P'_{(x,y,z)} = \begin{bmatrix} \cos(c) & \sin(c) & 0 & \delta_{Cx} \\ -\sin(c) & \cos(c) & 0 & \delta_{Cy} \\ 0 & 0 & 1 & 0 \\ 0 & 0 & 0 & 1 \end{bmatrix} \times \begin{bmatrix} 1 & 0 & 0 & 0 \\ 0 & \cos(A) & -\sin(A) & \delta_{Ay} \\ 0 & \sin(A) & \cos(A) & \delta_{Az} \\ 0 & 0 & 0 & 1 \end{bmatrix} \times \begin{bmatrix} x_1 \\ y_1 \\ z_1 \\ 1 \end{bmatrix} \tag{4-4}$$

式中，δ_{Cx}、δ_{Cy}、δ_{Ay}、δ_{Az} 为 C 轴和 A 轴的中心在 x、y、z 轴的线性误差；x_1、y_1、z_1 为刀具在机床中的坐标位置；$P'_{(x, y, z)}$ 为刀具在 C 轴坐标系中的位置。

4.2 多轴后置处理定制过程

后处理编制中需要机床和程序方面的信息。以 HERMLE_C30U 机床配置 Heidenhain iTNC 530 数控系统为例，此机床是典型的 5 轴双转台加工中心，根据实际机床的情况设置后处理名称、描述、单位、机床类型和控制系统。具体设置如图 4-7 所示的新建后处理对话框。

使用 Post Builder 建立后处理时，Post Builder 用户界面就像一个活页本，其中分成 5 个页面（图 4-8），分别是：机床、程序和刀轨、N/C 数据定义、输出设置和虚拟 N/C 控制器，当一个大页选定后，里面还有许多小项参数设定。

4.2.1 机床页参数设定

如图 4-9 所示为 HERMLE_C30U 机床的结构，其参数有：X 轴行程 650mm，Y 轴行程 600mm，Z 轴行程 557mm，A 轴行程 $-115°\sim +30°$，C 轴行程 $0°\sim 360°$，各线性轴快速移动速度 45m/min，A/C 转速 25r/min，主轴最大转速 18000r/min，工作台载重 800kg。主要参数设置如下。

将 "X 轴行程 650mm，Y 轴行程 600mm，Z 轴行程 557mm" 填入一般参数的线性轴行程设置项中，其他项使用默认值即可，如图 4-10 所示。

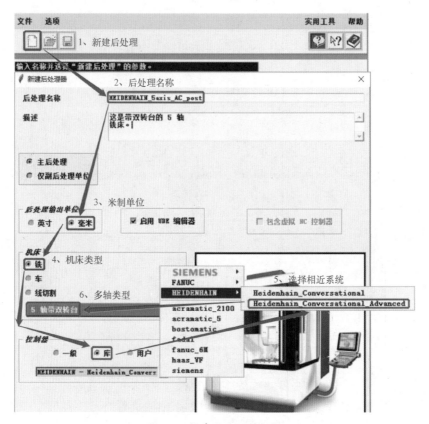

图 4-7　新建后处理对话框

图 4-8　Post Builder 用户界面

图 4-9　HERMLE_C30U 机床结构

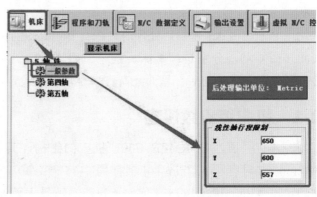

图 4-10　线性轴行程限制

　　因为绕 X 轴的旋转为 A 轴，绕 Z 轴的旋转为 C 轴，所以 A 轴旋转平面是 YZ 平面，C 轴旋转平面是 XY 平面，其他项使用默认值即可，如图 4-11 所示。

图 4-11　旋转轴设置

A 轴行程 −115°～ +30°，A 轴即是第四轴，为了在使用第四轴行程时不产生歧义，所以在第四轴"轴限制（度）"项中填入最大值 0°、最小值 −115°，其他项使用默认值即可，如图 4-12 所示。第五轴也使用默认值即可。

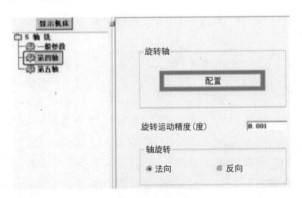

图 4-12　旋转轴参数

4.2.2　程序和刀轨页基本参数设定

在程序和刀轨参数页中主要设定机床运动事件的处理过程，其中又有多个子参数页，如图 4-13 所示。

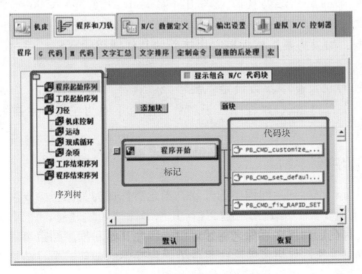

图 4-13　程序和刀轨参数页

各子参数页简介如下。

1）"程序"子参数页：Post Builder 将数控程序分解成五个不同的序列，即程序起始、工序起始、刀具路径、工序结束、程序结束，每个序列都允许控制其输出。如快速回退停止代码和程序结束，需要在数控程序开始和结束。在操作的开始和结束时，还需要其他的说明，如换刀顺序、启动和关闭主轴、打开和关闭切削液以及应用刀具偏移量等。对于其他事件的指令，如直线运动、圆周运动等，可以应用于每个刀具路径序列。

2）"G 代码"子参数页：指定在整个后置处理器中使用的 G 代码，以控制各种机器的功能。通过改变这个列表中的 G 代码，系统会对 G 代码进行全局更新。

3）"M 代码"子参数页：指定在整个后置处理器中使用的 M 代码。通过改变这个列表中的 M 代码，系统会对 M 代码进行全局更新。

4）"文字汇总"子参数页：定义后置处理器输出的每个文字的输出特征。

> 提示：这个参数页修改的是使用相同格式的文字组，如果想为某个文字指定不同的格式，必须转到"N/C 数据定义"标签页中的"格式"子选项卡中修改。

5）"文字排序"子参数页：定义系统在后处理程序中输出所有文字的顺序。在整个后处理程序中，系统强制执行对话框中文字的相对顺序。例如，如果交换 X 和 Y 文字，它会立即反映在所有事件的所有块中。

6）"定制命令"子参数页：建立和编辑用户化命令。自定义命令生成指定的输出，当需要的输出不可用时，定义自定义命令。例如：可以在输出程序的开头定义一个自定义头。自定义过程出现在命令列表中，可以使用 Program 选项卡上的任何事件标记放置这些命令。

7）"链接的后处理"子参数页：用于管理其他后处理链接到这个后处理。

8）"宏"子参数页：可创建、编辑或删除用于调用数控程序中的宏、循环或函数的块模板。输出代码的形式是循环或宏调用，如 cycle DEF 204 A200=…用于 Heidenhain iTNC530 控制器或其他类似的高层函数调用。Post Builder 提供了链接到适当事件的已知钻孔周期的结构。如果想要扩展为控制器接受的其他调用输出宏调用时，可以添加自己的宏。

本次程序和刀轨页基本参数设定主要涉及"程序"子参数页和"定制命令"子参数页，其他参数页保持默认。"程序"子参数页五个不同的序列中主要涉及的参数设置如下。

■ 程序起始序列定制

这个序列只有一个标记，即程序的开始。当此事件在刀具路径中发生时系统输出代码块；需要注意的是程序启动事件发生在任何其他事件被处理之前，任何 UDE（用户定义的事件）数据只有在启动程序事件之后才可用，程序开始和程序结束事件仅由链接的后处理的主后处理输出一次，如果覆盖这些事件处理程序中的任何一个，链接的后处理将恢复原来的程序开始和程序结束。代码块的定制内容见表 4-1。

表 4-1 代码块的定制内容

代码块	定制过程	主要内容
PB_CMD_customize_output_mode	默认	用于初始化一些自定义模式 / 值在 TNC 控制器中使用
PB_CMD_set_default_dpp_value	默认	初始化后置处理程序中使用的一些状态变量的默认值
PB_CMD_fix_RAPID_SET	默认	相关快速移动的设置
PB_CMD_spindle_orient	默认	添加关于定位主轴的应用处理程序
PB_CMD_nurbs_initialize	默认	处理样条曲线事件的初始化设置
PB_CMD_init_helix	默认	螺旋刀具路径输出相关参数设定
MOM_set_seq_on	默认	定义输出序列号
PB_CMD_uplevel_ROTARY_AXIS_RETRACT	默认	撤销回转轴设置
块 begin_program	默认	程序开始的文件名文本块输出设置
块 FN0:	删除	输出机床 X 轴原点坐标
块 FN0:	删除	输出机床 Y 轴原点坐标
块 FN0:	删除	输出机床 Z 轴原点坐标
PB_CMD_SET_BLK	添加	毛坯形状，文本输出

1）添加"PB_CMD_SET_BLK"定制命令文本如下所示：

```
proc PB_CMD_SET_BLK { } {
MOM_output_literal "BLK FORM 0.1 Z X0.0 Y0.0 Z-20."
MOM_output_literal "BLK FORM 0.2 X100. Y100. Z0.0"
}
```

2）添加定制命令的主要过程如下：

• 在"定制命令"子参数页中创建命令名称，并在右边的文本框内写入相应的文本，如图 4-14 所示。

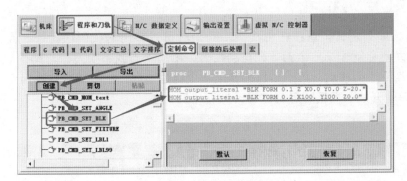

图 4-14 创建命令名称

•"程序"序列树中单击"程序起始序列"，右框中选择建立的定制命令，如图 4-15 所示。

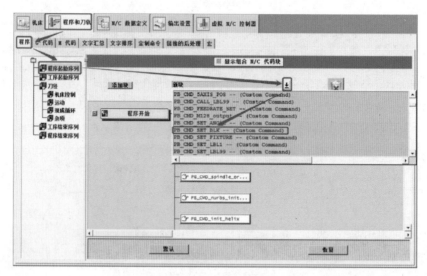

图 4-15　选择定制命令

3）选中后，左键按住"添加块"拖动至某一用户自定义命令代码块下方，如图 4-16 所示。

> 提示：代码块下方有白条出现，即可松开左键。

4）显示结果如图 4-17 所示。

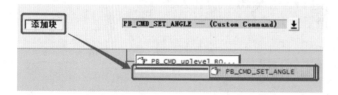

图 4-16　添加块

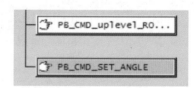

图 4-17　程序代码

■ 工序起始序列定制

工序起始序列定义了系统在每次操作开始时可以输出的代码块。每次操作都有：刀轨开始、出发点移动、第一个刀具、自动换刀、手动换刀或不换刀、初始移动、第一次移动、逼近移动、进刀移动、第一刀切削和第一个线性移动。主要的事件输出定制如下。

（1）"刀轨开始"标记的定制过程（见表 4-2）

表 4-2　"刀轨开始"标记的定制过程

代码块	定制过程	主要内容
块 OPERATION	删除	对程序名称、刀具号、刀具名的简单描述
PB_CMD_patch_infor	添加	对程序名称、刀具号、刀具名、转速等的相对详细的描述
PB_CMD_set_tol	添加	设置公差参数
PB_CMD_SET_FIXTURE	添加	输出循环 247（原点设置）可以启动预设表中预设的原点作新原点的文本

1）添加的"PB_CMD_patch_infor"定制命令文本如下：

```
proc PB_CMD_patch_infor { } {
global mom_group_name
global mom_operation_name
global mom_tool_name mom_tool_number
global mom_tool_diameter
global mom_tool_corner1_radius
global mom_spindle_speed
global mom_stock_floor
global mom_stock_part
global mom_operation_type
global mom_template_subtype
global mom_feed_cut_value
global mom_feed_engage_value
global mom_ug_version
global mom_path_name
global mom_operation_type
if{![info exists mom_tool_corner1_radius]} {set mom_tool_corner1_radius "0" }
set program_name ""
set mysql_handler 0
set type_check "True"
set spindle_speed [format "%.0f " $mom_spindle_speed]
if [ catch { set program_name $mom_group_name } mysql_handler] {
    set program_name ""
} else {
    set program_name "$program_name-->"
}
# check spindle speed
if { [string match *NX* $mom_ug_version]==0 } {
    set spindle_speed "Can't read spindle speed in UG180"
}
if {[string match *CONTOUR* $mom_template_subtype] >0 || [string match
*FLOWCUT* $mom_template_subtype]>0} {
    set type_check "False"
}
MOM_output_literal "; -------path Information------- "
MOM_output_literal "; Spindle Speed：$spindle_speed "
MOM_output_literal "; Feed Rates：[format "%.0f " $mom_feed_cut_value] "
```

```
MOM_output_literal "; Engage Rates：[format "%.0f " $mom_feed_engage_value] "
MOM_output_literal "; Tools Information ：[format "Diameter %2.3f Radius %2.3f "
$mom_tool_diameter $mom_tool_corner1_radius ]"
MOM_output_literal "; Tools Number    : $mom_tool_number "
MOM_output_literal "; Tools Name      : $mom_tool_name "
MOM_output_literal "; ----------------------------- "
    }
```

2）添加的"PB_CMD_SET_FIXTURE"定制命令文本如下：

```
proc PB_CMD_SET_FIXTURE { } {
global mom_fixture_offset_value
MOM_output_literal "CYCL DEF 247 DATUM SETTING ～ "
MOM_output_literal "   Q339=$mom_fixture_offset_value ;DATUM NUMBER"
    }
```

3）添加的"PB_CMD_set_tol"定制命令文本如下：

```
proc PB_CMD_set_tol { } {
MOM_output_literal "CYCL DEF 32.0 TOLERANZ"
MOM_output_literal "CYCL DEF 32.1 T0.05"
MOM_output_literal "CYCL DEF 32.2 HSC-MODE：0 TA0.5"
    }
```

（2）"自动换刀"标记的定制过程（见表4-3）

表4-3 "自动换刀"标记的定制过程

代码块	定制过程	主要内容
块 plane_reset	删除	平面复位
块 first_tool_spindle_off	删除	主轴停转
块 m140	删除	沿刀具轴退离轮廓
块 return_home_z	删除	返回 Z 轴机床原点
块 return_home_xy	删除	返回 X、Y 轴机床原点
块 return_home_rotary_both	删除	返回 A、C 轴机床原点
PB_CMD_CALL_LBL99	添加	重复执行 99 号子程序 1 次
PB_CMD_SET_LBL99	添加	设置 99 号子程序
块 tool_change	默认	调用刀具
PB_CMD_custom_command_2	添加	定制命令
块 spindle_on	默认	主轴旋转，开启切削液
块 tool_preselect_1	删除	刀具预选

1）添加的"PB_CMD_CALL_LBL99"定制命令文本如下：

```
proc PB_CMD_CALL_LBL99 { } {
MOM_output_literal "CALL LBL 99"
}
```

2）添加的"PB_CMD_SET_LBL99"定制命令文本如下：

```
proc PB_CMD_SET_LBL99 { } {
MOM_output_literal "M129"
MOM_output_literal "PLANE RESET STAY"
MOM_output_literal "CYCL DEF 7.0 DATUM SHIFT"
MOM_output_literal "CYCL DEF 7.1 X+0.0"
MOM_output_literal "CYCL DEF 7.2 Y+0.0"
MOM_output_literal "CYCL DEF 7.3 Z+0.0"
MOM_output_literal "L Z500.0 R0 FMAX M91" # 把主轴抬高至机床坐标系 Z500
的位置，远离工件
MOM_output_literal "L X325.0  Y500.0 R0 FMAX M91"# 把主轴快速移动至机床
坐标系 X325 Y500 位置，远离工件
MOM_output_literal "L A0.0 C0.0 F MAX "
MOM_output_literal "LBL0"
}
```

3）添加的"PB_CMD_custom_command_2"定制命令文本如下：

```
proc PB_CMD_custom_command_2 { } {
MOM_output_literal "L Z500.0 R0 FMAX M91"
}
```

（3）"初始移动"标记的定制过程（见表4-4）

表4-4 "初始移动"标记的定制过程

代码块	定制过程	主要内容
PB_CMD_detect_tool_path_type	默认	检测刀具轨迹类型
PB_CMD_detect_csys_rotation	默认	检测坐标系的旋转类型和清除平面的存在状态
PB_CMD_detect_local_offset	默认	检测局部坐标系的偏移量
PB_CMD_define_fixture_csys	删除	定义夹具坐标系
PB_CMD_SET_ANGLE	添加	设置第四、第五轴的角度
PB_CMD_save_RPM	默认	保存转速数据
块 m126	默认	输出旋转轴上的最短路径移动
PB_CMD_5AXIS_POS	添加	输出空间原点偏移量

代码块	定制过程	主要内容
PB_CMD_SET_LBL1	添加	设置 1 号子程序
PB_CMD_output_coordinate_offset	默认	输出局部坐标偏移量
块 plane_spatial	默认	围绕机床固定坐标系旋转的空间角定义一个加工面
块 rapid_rotary	删除	输出快速旋转
块 output_m128	默认	调用刀尖位置保持功能
PB_CMD_init_force_address	默认	在路径的起始位置强制输出地址

1）添加的"PB_CMD_SET_ANGLE"定制命令文本如下：

```
proc PB_CMD_SET_ANGLE { } {

global mom_kin_coordinate_system_type

global mom_coordinate_system_purpose

global mom_special_output

global mom_kin_machine_type

global mom_path_name

global mom_siemens_coord_rotation

global mom_csys_matrix mom_csys_origin

global coord_offset mom_output_unit mom_part_unit

global coord_offset_flag

global mom_parent_csys_matrix

global RAD2DEG

if { ![info exists mom_kin_coordinate_system_type] || ![info exists mom_special_output] } {

return

}

if { ![string match "CSYS" $mom_kin_coordinate_system_type] } {

return

}

global mom_kin_machine_type

global mom_kin_4th_axis_plane

global mom_kin_5th_axis_plane

global mom_kin_4th_axis_direction

global mom_kin_5th_axis_direction

global mom_kin_4th_axis_leader
```

项目
4

```
global mom_kin_5th_axis_leader
global mom_kin_4th_axis_min_limit
global mom_kin_4th_axis_max_limit
global mom_kin_5th_axis_min_limit
global mom_kin_5th_axis_max_limit
global mom_out_angle_pos
global mom_prev_out_angle_pos
global mom_sys_leader
global mom_pos
global mom_warning_info
global RAD2DEG
global mom_init_pos
if { ![info exists mom_prev_out_angle_pos(0)] } {
  set mom_prev_out_angle_pos(0) [MOM_ask_address_value fourth_axis]
  if { $mom_prev_out_angle_pos(0) == "" } {
    set mom_prev_out_angle_pos(0) 0.0
  }
}
if { ![info exists mom_prev_out_angle_pos(1)] } {
  set mom_prev_out_angle_pos(1) [MOM_ask_address_value fifth_axis]
  if { $mom_prev_out_angle_pos(1) == "" } {
    set mom_prev_out_angle_pos(1) 0.0
  }
}
set mom_pos(3) $mom_init_pos(3)
set mom_pos(4) $mom_init_pos(4)
set rot_angle_pos(0) [ROTSET $mom_pos(3)  $mom_prev_out_angle_pos(0)  $mom_
kin_4th_axis_direction $mom_kin_4th_axis_leader  mom_sys_leader(fourth_axis) $mom_kin_4th_
axis_min_limit  $mom_kin_4th_axis_max_limit]
set rot_angle_pos(1) [ROTSET $mom_pos(4)  $mom_prev_out_angle_pos(1)  $mom_
kin_5th_axis_direction $mom_kin_5th_axis_leader  mom_sys_leader(fifth_axis) $mom_kin_5th_
axis_min_limit  $mom_kin_5th_axis_max_limit]
set mom_out_angle_pos(0) $rot_angle_pos(0)
```

```
      set mom_out_angle_pos(1) $rot_angle_pos(1)

    }
```

2）添加的"PB_CMD_5AXIS_POS"定制命令文本如下：

```
    proc PB_CMD_5AXIS_POS { } {
      global mom_csys_matrix coord_rotation mom_tool_axis mom_pos dpp_tool_path_
type
      global mom_logname
      global dpp_output_coord_mode
      global mom_kin_machine_type
      global mom_mcs_goto mom_pos
      global mom_prev_mcs_goto mom_prev_pos
      global mom_arc_center mom_pos_arc_center
      global mom_logname
      global mom_pos mom_mcs_goto
      global mom_kin_machine_type
      global mom_mcs_goto mom_pos
      global mom_prev_mcs_goto mom_prev_pos
      global mom_arc_center mom_pos_arc_center
      global mom_kin_arc_output_mode
      global mom_kin_helical_arc_output_mode
      global dpp_ge
    global cy_bx cy_by cy_bz cy_nx cy_ny cy_nz
      global mom_out_angle_pos
      global dpp_ge
      if {[EQ_is_lt $mom_out_angle_pos（0）0]} {
        set seq "SEQ-"
      } else {
        set seq "SEQ+"
      }
      if { $dpp_ge（toolpath_axis_num）=="5" } {
        VMOV 3 mom_mcs_goto mom_pos
        VMOV 3 mom_prev_mcs_goto mom_prev_pos
        VMOV 3 mom_arc_center mom_pos_arc_center
    MOM_output_literal "CYCL DEF 7.0 NULLPUNKT"
    MOM_output_literal "CYCL DEF 7.1 X[format "%.3f" $mom_pos（0）]"
    MOM_output_literal "CYCL DEF 7.2 Y[format "%.3f" $mom_pos（1）]"
```

```
    MOM_output_literal "CYCL DEF 7.3 Z[format "%.3f " $mom_pos（2）]"
    MOM_output_literal "PLANE SPATIAL SPA[format "%.3f " $dpp_ge（coord_rot_
angle，0）] SPB[format "%.3f " $dpp_ge（coord_rot_angle，1）] SPC[format "%.3f" $dpp_
ge（coord_rot_angle，2）] TURN F MAX $seq TABLE ROT"
    MOM_output_literal "L X0.0 Y0.0 R0 F MAX"
    MOM_output_literal "L Z0.0 R0 F MAX"
    MOM_output_literal "CALL LBL 1"
        }
    }
```

3）添加的"PB_CMD_SET_LBL1"定制命令文本如下：

```
    proc PB_CMD_SET_LBL1 { } {
    MOM_output_literal "LBL 1"
    MOM_output_literal "CYCL DEF 7.0 NULLPUNKT"
    MOM_output_literal "CYCL DEF 7.1 X0"
    MOM_output_literal "CYCL DEF 7.2 Y0"
    MOM_output_literal "CYCL DEF 7.3 Z0"
    MOM_output_literal "PLANE RESET STAY"
    MOM_output_literal "LBL 0"
        }
```

（4）"第一次移动"标记的定制过程（见表 4-5）

表 4-5 "第一次移动"标记的定制过程

代码块	定制过程	主要内容
PB_CMD_detect_tool_path_type	默认	检测刀具轨迹类型
PB_CMD_detect_csys_rotation	默认	检测坐标系的旋转类型和清除平面的存在状态
PB_CMD_detect_local_offset	默认	检测局部坐标的偏移量
PB_CMD_define_fixture_csys	删除	定义夹具坐标系统
PB_CMD_SET_ANGLE	添加	设置第四、第五轴的角度
PB_CMD_verify_RPM	默认	验证转速，保存并输出一次转速
PB_CMD_SET_LBL99	添加	设置 99 号子程序
PB_CMD_CALL_LBL99	添加	重复执行 99 号子程序 1 次
PB_CMD_5AXIS_POS	添加	输出空间原点偏移量
PB_CMD_SET_LBL1	添加	设置 1 号子程序
PB_CMD_output_coordinate_offset	默认	输出局部坐标偏移量
块 plane_spatial	默认	围绕机床固定坐标系旋转的空间角定义一个加工面
块 rapid_rotary	默认	输出快速旋转
块 output_m128	默认	调用刀尖位置保持功能
PB_CMD_init_force_address	默认	在路径的起始位置强制输出地址
块 spindle_on	默认	主轴旋转，开启切削液

添加的定制命令文本同上。

■ 工序结束序列定制

工序结束序列定义了系统在每个操作结束时可以输出的特定块。典型的情况有：回到原位、关闭主轴或切削液。如果总是在每个操作的最后做相同的操作，可以把这些操作输入到这个序列中而不用编程。有关主要的事件输出定制如下：

"刀轨结束"标记的定制过程见表4-6。

表4-6 "刀轨结束"标记的定制过程

代码块	定制过程	主要内容
PB_CMD_reset_output_mode	默认	用于重新设置部分5轴功能，重新设置所有dpp变量，在路径的末端恢复运动学
块 first_tool_spindle_off	删除	主轴停转
块 m140	删除	沿刀具轴退离轮廓
块 return_home_z	删除	返回Z轴机床原点
块 retun_home_xy	删除	返回X、Y轴机床原点
块 return_home_rotary_both	删除	返回A、C轴机床原点
PB_CMD_CALL_LBL99	添加	重复执行99号子程序1次

添加的定义命令文本同上。

4.2.3 部分优化参数设定

为了满足实际加工需求，优化后处理文件中的部分参数是必不可少的工作。

■ 刀具快速移动过程中的防碰撞优化

仿真加工过程中如果发现刀具从机床坐标系 X325.0 Y500.0 Z500.0 快速移动至工件坐标系起始位置时，3轴联动走空间直线，刀具在快速移动过程中有碰撞工件的情况发生，为了避免碰撞，可以将初始移动和第一次移动时刀具在Z向高度不变的情况下先移动X轴、Y轴，到达工件坐标系平面位置后再下降至工件坐标系的安全高度，如图4-18所示为防碰撞优化。

图4-18 防碰撞优化

优化过程主要步骤如下：

1）在"程序"序列树中单击"工序起始序列"，右框中选择"新块"；选中后，按住左键拖动"添加块"至"初始移动"标记末行的代码块下方。注意：代码块下方有白条出现，即可松开左键，如图4-19所示。

2）在跳出的"initial_move_6"（初始移动6）对话框中（块名称默认）单击块选择小箭头，选择在"G motion"（线性运动）中的"L Rapid Move"（线性快速移动）块，如图4-20所示。

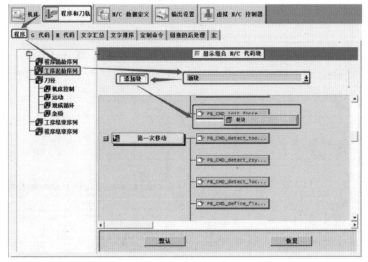

图 4-19　添加块

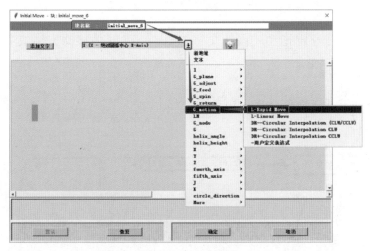

图 4-20　选择"L Rapid Move"块

3）选中后，按住左键拖动"添加文字"至空白处添加字块，如图 4-21 所示。

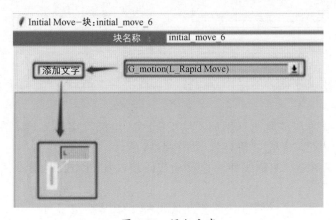

图 4-21　添加文字

4）同理，继续选择"X 坐标"文字块，如图 4-22 所示。

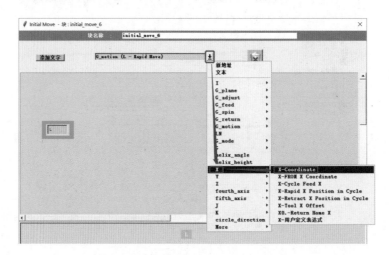

图 4-22　选择"X 坐标"文字块

5）选中后，按住左键拖动"添加文字"至"L"（线性移动）字块右边，如图 4-23 所示。

提示：字块周围有白框出现，即可松开左键。

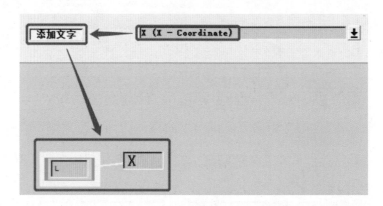

图 4-23　移动字块

6）同理，继续添加"Y 坐标"文字块。最后选择"FMAX"（最大移动速率），如图 4-24 所示。

7）选中后，按住左键拖动"添加文字"至"Y 坐标"字块右边，在弹出的"表达式条目"中键入"MAX"，单击"确定"，如图 4-25 所示。

8）最终完成新建 *X*、*Y* 轴线性快速移动代码块，如图 4-26 所示。并分别在每个字块上右击选择"可选"。

9）同上操作，新建 *Z* 轴线性快速移动代码块，如图 4-27 所示。

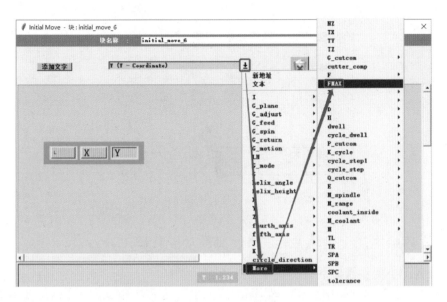

图 4-24　添加"Y 坐标"文字块

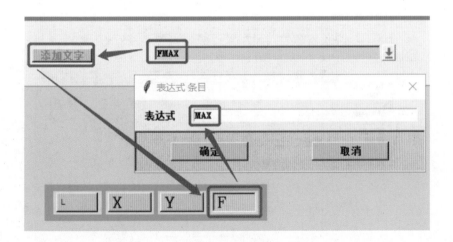

图 4-25　移动文字块

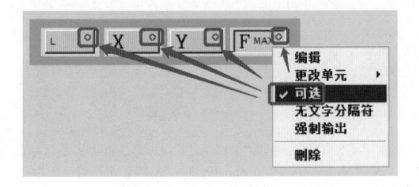

图 4-26　*X*、*Y* 轴线性快速移动代码块

图 4-27 *Z* 轴线性快速移动代码块

■ 在程序结尾加上主轴停转的 M5 辅助功能代码

优化过程的主要步骤如下：

1）在"程序"序列树中单击"程序结束序列"，右框中按住左键拖动"TOOL CALL 0"块至垃圾桶，将其删除，如图 4-28 所示。

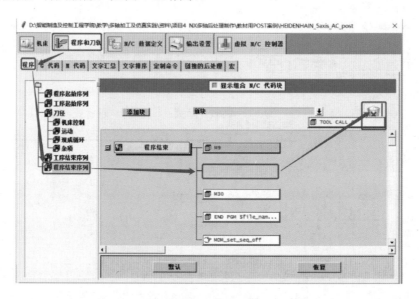

图 4-28　删除块

2）选择"新块"，选中后，按住左键拖动"添加块"至"M30"块上方，如图 4-29 所示。

> 提示：代码块上方有白条出现时，即可松开左键。

3）在跳出的"end_of_program_4"（程序结束 4）对话框中（块名称默认）单击块选择小箭头，选择"More"中的"M_spindle"（主轴旋转 M 辅助功能指令）中的"M_spindle_off"（主轴停转 M 辅助功能指令）块，如图 4-30 所示。

4）结果如图 4-31 所示。

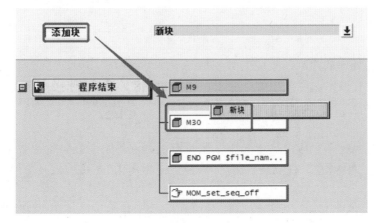

图 4-29　添加块

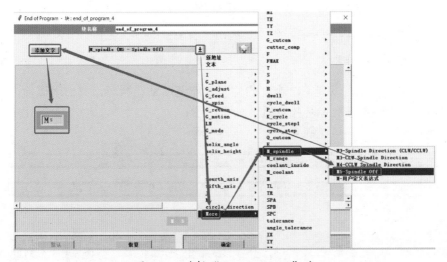

图 4-30　选择"M_spindle_off"块

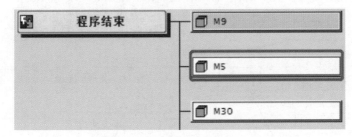

图 4-31　添加 M5 辅助功能代码

更多关于多轴后置处理定制过程请扫描下面二维码进行学习。

多轴后置处理定制过程

习题

1.通过对后处理的定制，生成的数控加工程序可以用于实际加工。但"开切削液"的辅助功能指令没有输出。现提出如下要求：请定制 M8 辅助功能指令输出。

输出的程序由
```
12 TOOL CALL 15 Z S3979
13 M3
```
变更为
```
29 TOOL CALL 15 Z S3979
31 M3 M8
```

> 提示：在"程序"序列树中单击"工序起始序列"的"初始移动"和"第一次移动"标记中的"M3 M8"代码块，右击"M8"文字块，"更改单元"为"coolant_on"。

2.在第三个项目中有一个练习题需要钻孔，例如有两个孔需要用到钻孔循环，如下所示：

```
PLANE SPATIAL SPA-90. SPB+0.0 SPC-7. TURN FMAX SEQ-
L X.891 Y49.5 FMAX
L Z149.997 FMAX
CYCL DEF 200 Q200=3. Q201=-21. Q206=127.32 Q202=0.5 Q210=0 Q203=70. Q204=79.9974 Q211=1.
L X.891 Y49.5 R0 FMAX
CYCL CALL
L Y42.5 R0 FMAX
CYCL CALL
```

但在运行仿真加工时发现第 2 个孔的位置未能调用钻孔循环，并出现碰撞，现要求在每个钻孔位置都要输出钻孔循环指令行，如下所示：

```
PLANE SPATIAL SPA-90. SPB+0.0 SPC-7. TURN FMAX SEQ-
L X.891 Y50. FMAX
L Z149.997 FMAX
CYCL DEF 200 Q200=3. Q201=-1. Q206=190.98 Q202=1. Q210=0 Q203=70. Q204=79.9974 Q211=0
L X.891 Y50. R0 FMAX
CYCL CALL
CYCL DEF 200 Q200=3. Q201=-1. Q206=190.98 Q202=1. Q210=0 Q203=70. Q204=79.9974 Q211=0
L Y42. R0 FMAX
CYCL CALL
```

> 提示：可以在"定制命令"子参数页中找到定制命令"PB_CMD_before_motion"，并在右边的文本框内添加相应的文本，如图 4-32 所示：

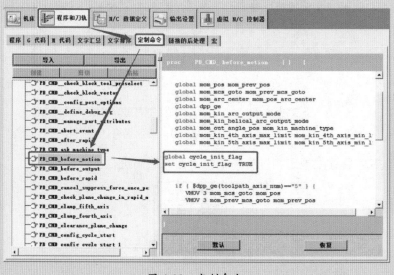

图 4-32　定制命令

项目 5 多轴加工仿真及实践

【学习目标】

知识目标
□ 掌握 HERMLE_C30U 双摆台式 5 轴联动加工中心的操作
□ 掌握 HuiMaiTech 多轴操作教学仿真软件的使用方法
□ 掌握多轴操作教学仿真软件与 CAM 加工软件间的相互关系

技能目标
□ 能使用 HuiMaiTech 多轴操作教学仿真软件，实现新建项目文件、打开项目文件、毛坯定义、刀具定义、刀长定义、工件原点确定、导入数控程序、程序运行加工、保存工程文件等操作

□ 能对 HERMLE_C30U 双摆台式 5 轴联动加工中心进行正确的仿真参数设置，并完成零件的加工过程模拟

□ 能利用多轴操作教学仿真软件的操作了解机床的实际操作过程，并能规避实际加工中的过切、欠切、碰撞等隐患

数控加工仿真是应用计算机技术对数控加工操作过程进行模拟仿真的一门技术，是面向实际生产中机床运动的仿真操作。该技术可以将加工过程中的三维动态逼真再现，能对数控加工建立感性认识，并且可以反复地进行数控加工操作，有效解决了因数控设备昂贵、稀少和操作危险等方面的制约，在学习、掌握数控加工应用技术方面发挥着重要的作用。

5.1 多轴操作教学仿真软件的主要技术指标

当前国内多轴操作教学仿真软件蓬勃发展，为技能等级认定、竞赛、教学等做出了显著贡献。作为教学使用的数控加工多轴虚拟仿真实验实训软件需要满足以下几个技术指标。

1）程序验证功能模块。支持仿真、验证和分析海德汉 530、西门子 840D、华数 848D 等常见的数控程序代码。

2）根据指定数控机床系统搭建 1∶1 机床模型。所有机构运动和真实机床一致，包含线性运动、旋转运动、换刀结构运动、刀具刀柄、工装夹具、系统显示等。

3）检测干涉。当发生干涉时机床仿真会以声效、视觉形式呈现；海德汉、西门子系统内部呈现出报错地址，操作者可以根据提示修改操作或者数控程序。

4）真实的机床操作环境。包含机床运动部分、操作面板部分、显示面板部分；系统操作时能通过视觉、声效真实地反映出机床的加工环境。

5）具有多轴联动加工、多方向平面定位加工、曲面加工、倾斜面加工功能。可以实现一次性装夹多个面加工、多次装夹翻面加工等。

6）加工完成后 STL 格式可以导出给 CAM 再加工，或者导入给 CMM 测量加工完成后的相关尺寸。

7）支持手工海德汉 530 编程。变量编程、倾斜面加工、刀具补偿、钻孔循环、平面铣销循环、腔槽加工循环、加工平面转换等。

8）可以对加工出的三维模型进行测量，提供各种常规测量工具，可以对被加工工件各种斜面上的典型几何尺寸进行测量，测量精度应达到 0.01mm。

9）系统自带真实 3D 刀具。ER32、SHF 系列刀柄，立铣刀、球头立刀、牛鼻刀、钻头、铰刀、面铣刀等 3D 模型。

10）自带 5 轴专用夹具。虎钳、卡盘（支持 4 种及以上装夹方法）并且保证加工时检查干涉；用户可以自定义夹具、毛坯到系统中仿真。

11）FreeAxis 半开放式机床定义，操作者可快速自定义新机床，支持正交与非正交机床搭建。

12）系统直接输出数控代码给其他相同结构机型。

13）机床模拟功能模块，模拟是由控制系统驱动的三维数控机床的实时动画。显示面板功能是机床运动同时显示面板坐标、进给、使用指令同步等。

14）仿真过程中，启动比较功能，仿真过程中发生过切，可以报警提示过切。

15）支持 RTCP（Rotated Tool Center Point）刀尖点跟随功能（在海德汉 530 系统中称 TCPM 刀具中心点管理）、5 轴联动功能。

16）能调节仿真加减速度。

17）有真实加工声效、切削液显示、材料切削、真实刀具加工等功能。

18）同一个平台可完成所有机床及控制系统切换。

19）支持常用数控系统的加工程序指令。

① 海德汉 530 指令：L、CC、CR、C、CT、RND、CHF、LP、M0、M01、M02、M03、M04、M05、M06、M08、M09、M30、M91、M92、M94、M126、M128、M129、M140。钻孔循环（200、201、202、203、204、205、206、207、208、209）。坐标变换（7、8、10、247、26）。加工循环（232、251、253、254）。PLANE 功能（倾斜加工面）、CYCL DEF 19。5 轴功能有 TCPM、支持数控程序代码角度输出、支持数控程序代码矢量输出等。

② 西门子 840D 指令：G0/G1、G2/G3、CIP、G33、G04/G63、G74/G75、G17/G18/G19、G40/G41/G42、G500、G54～G59、G70/G71、G90/G91、G94/G95、TRANS、ATRANS、ROT/AROT、SCALE/ASCALE、MIRROR/AMIRROR、CHF/CHR、M0、M1、M2、M3、M4、M5、M6、M8、M9、M30。

CYCLE71、POCKET3、POCKET4、SLOT1、SLOT2、CYCLE90。钻孔循环（81、82、83、84、85、86、88）。CYCLE800（支持：57、45、39、27、54、30）。5 轴功能有 RTCP、支持数控程序代码角度输出、支持数控程序代码矢量输出等。

③ 华数 848D 指令：G0/G1、G2/G3、G17/G18/G19、G40/G41/G42、G43/G44、G54～G59、G68、G69、G90/G91、G28/G29、M0、M1、M2、M3、M4、M5、M6、M8、M9、M30、钻孔循环（81、82、83、84、85、86），G68.2 定轴加工、5 轴功能有 G43.4 等。

20）切换隐藏海德汉 530 系统、西门子 840D 系统以及其他系统操作界面，通过代码加载器、坐标系设置、刀具设置，快速的机床模拟仿真加工数控程序代码。

5.2 多轴操作教学仿真软件的使用方法

以 HuiMaiTech 海德汉 530 多轴操作教学仿真软件为例，软件参考目前主流的海德汉 530 系统开发，机床结构、操作界面、面板及按键等均按原厂的风格设计，操作者熟悉系统的同时也为掌握真实的机床操作打下坚实基础。以下就软件的界面、机床设置、刀具设置、夹具和毛坯设置等方面作简介。

5.2.1 软件界面

多轴操作教学仿真软件有三大区，即工具条、三维加工区、控制部分，如图 5-1 所示为海德汉 530 系统界面。

软件打开后，只有新增工程或打开工程才可激活其他工具。工具条各图标含义如图 5-2 所示。

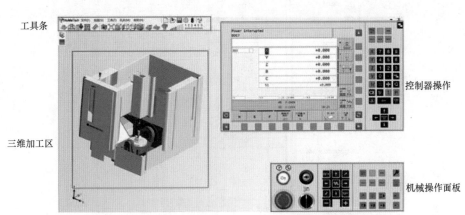

图 5-1　海德汉 530 系统界面（图片源自软件帮助文档）

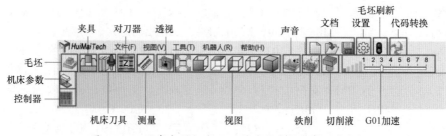

图 5-2 工具条各图标含义（图片源自软件帮助文档）

5.2.2 机床设置

由于实际生产设备的机床原点和行程范围与教学仿真软件中默认的设置有一些差别，为了尽可能地模仿真实生产过程，有必要对教学仿真软件的机床设置进行更改。主要更改步骤如下。

1）选择 HERMLE_C30 机床后通过工具栏→单击"工具"→单击"机床设置"，如图 5-3 所示。

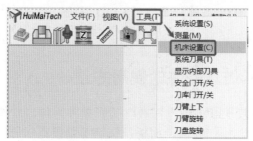

图 5-3 选择"机床设置"

2）在弹出的对话框中，根据机床的实际参数，修改"项目"列中的"主轴最大转速"的值为"18000r/min"、"快速移动"的值为"4500mm/min"和"轴数"的值为"5 轴"，如图 5-4 所示。

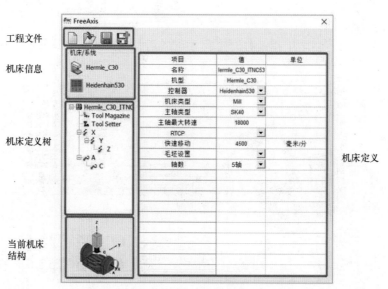

图 5-4 设置机床参数

3）在机床定义树"Tool Magazine"（刀库）右侧表格中的"参数"中设置"刀库的容量"的值为"32"，如图5-5所示。

图5-5　刀库设置

4）在 X 线性轴参数页面，设置"项目"中"点位"的值为"325"、"原点参考"的值为"-325"、"最小限制"的值为"0"、"最大限制"的值为"650mm"、"最小进给"的值为"0"、"最大进给"的值为"3000mm/min"，如图5-6所示。

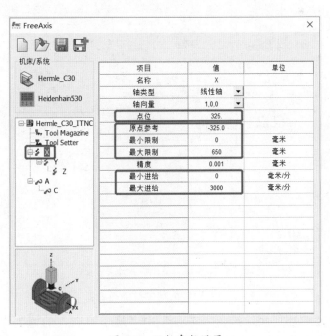

图5-6　X 轴参数设置

5）在 Y 线性轴参数页面，设置"项目"中"点位"的值为"500"、"原点参考"的值为"-325"、"最小限制"的值为"0"、"最大限制"的值为"600mm"，如图5-7所示。

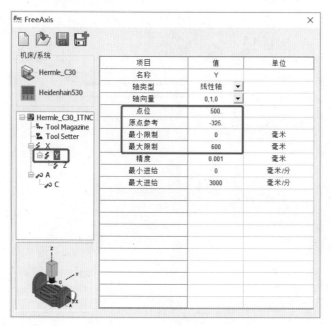

图 5-7　Y 轴参数设置

6）在 Z 线性轴参数页面，设置"项目"中"最大限制"的值为"557mm"，如图5-8所示。

图 5-8　Z 轴参数设置

7）在 A 旋转轴参数页面，设置"项目"中"最小限制"的值为"-115°"、"最大限制"的值为"30°"，如图5-9所示。

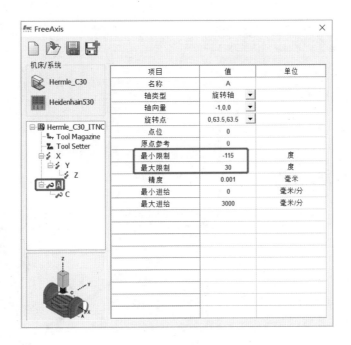

图 5-9 A 轴参数设置

详尽的机床设置过程请扫描下面二维码进行学习。

机床设置过程

5.2.3 刀具设置

HuiMaiTech 软件自带有常用的刀具，类型如：面铣刀、立铣刀、牛鼻刀、球刀、中心钻、钻头、丝锥、铰刀等。只需在相应的刀具种类里添加、删除、修改就可以完成刀具数据的定义。

> 提示：不可重复定义刀具名称。

例如：单击"机床刀具"图标，弹出对话框后，在"T15"刀号位置右击"设定"，即可在"系统刀具"中选择所需的刀具（"取消定义"为删除刀号刀具），单击"确定"确认选择，如图 5-10 所示。

选择后可以根据实际刀具的长度、直径、切削参数等数据进行编辑，单击"保存"退出，软件会自动保存相关数据（在实际操作中，类似于在真实机床刀库的第 15 号刀具位放置了一把 20mm 的立铣刀），如图 5-11 所示。

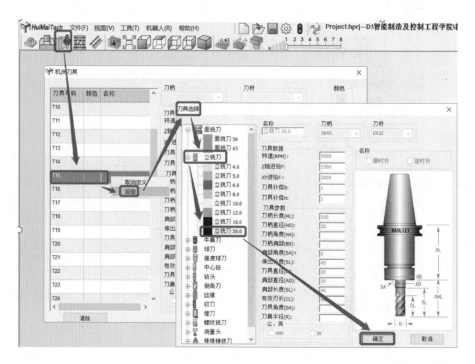

图 5-10 "机床刀具"设置

提示：在仿真软件控制系统的刀具表内，也要定义相同的刀具（类似于在真实机床的控制系统内定义刀具一样）。

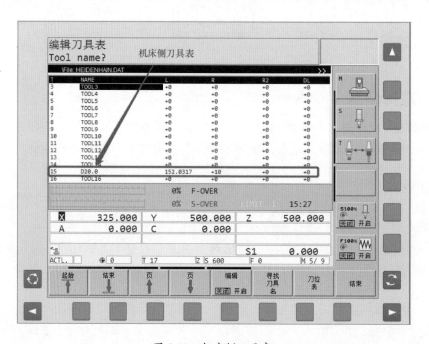

图 5-11　机床侧刀具表

5.2.4 夹具和毛坯设置

HuiMaiTech 多轴操作教学仿真软件自带虎钳、卡盘夹具。虎钳、卡盘夹具可实现 4 种不同类型的安装方法。但软件不支持参数修改，修改可通过配置文件完成。

毛坯定义有三类，即标准矩形、标准圆柱、自定义，简要介绍如下。

1. 标准矩形设置（图 5-12）

1）选择"矩形"图标。

2）"夹具类型"可单击下拉菜单选择"Vice"（虎钳）类型。

3）在"材料尺寸"参数表内输入毛坯的尺寸并选择毛坯的颜色。

4）在"零点偏置"参数表内输入零点偏移值并选择颜色。

5）保存、离开。

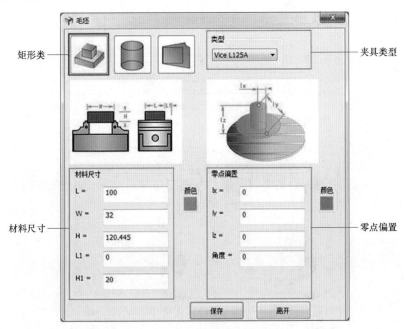

图 5-12　标准矩形设置

2. 标准圆柱设置（图 5-13）

1）选择"圆柱"图标。

2）"夹具类型"可单击下拉菜单选择"Chuck"（卡盘）类型。

3）在"材料尺寸"参数表内输入毛坯的尺寸并选择毛坯的颜色。

4）在"零点偏置"参数表内输入零点偏移值并选择颜色。

5）保存、离开。

3. 自定义设置（图 5-14）

1）选择"自定义"图标。

2）通过加载，导入毛坯、夹具类型（此处为 STL 格式）。

3）在"工件偏置"参数表内输入偏置值并选择毛坯的颜色。

4）在"夹具偏置"参数表内输入夹具偏移值并选择颜色。

5）保存、离开。

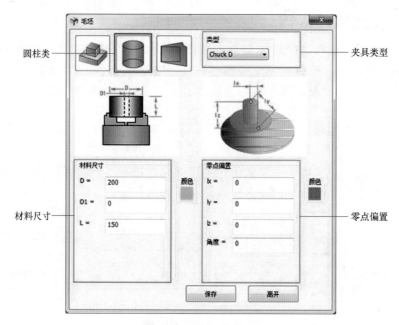

圆柱类 —

夹具类型

材料尺寸 —

零点偏置 —

图 5-13　标准圆柱设置

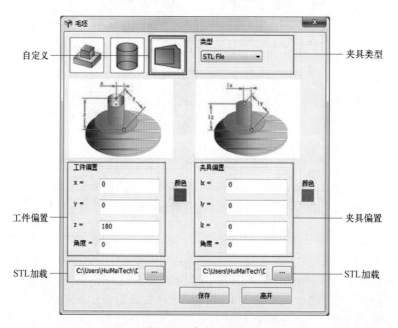

自定义 —

夹具类型

工件偏置 —

夹具偏置

STL加载 —

STL加载

图 5-14　自定义设置

多轴加工仿真操作

　　在机床设置正确后,通过"品"零件的加工仿真操作案例熟悉 5 轴机床的基本操作,包括工件装夹、刀具定义、刀长设定、建立加工坐标系等。并且可检验"项目 4"定制后处理输出的数控程序的可用性及合理性。以下是主要的操作过程。

1. 打开软件

双击惠脉多轴操作教学软件图标，弹出仿真软件开始界面，如图 5-15 所示。

图 5-15　打开软件

2. 新建工程文件

打开"文件"菜单栏，单击"新建"命令，弹出"选择机床"文件对话框，如图 5-16 所示。选择"HERMLE_C30"机床和"Heidenhain530"控制系统。

3. 机床初始化

将"HERMLE_C30"5 轴机床调入到软件工作区，在 Heidenhain 530 控制系统面板上单击电键（），再单击"CE"键（CE），完成机床初始化操作，如图 5-17 所示。

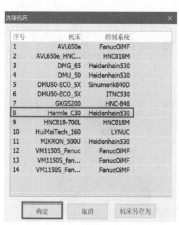

序号	机床	控制系统
1	AVL650e	FanucOiMF
2	AVL650e_HNC...	HNC818M
3	DMG_65	Heidenhain530
4	DMU_50	Heidenhain530
5	DMU50-ECO_5X	Sinumerik840D
6	DMU50-ECO_5X	ITNC530
7	GKGS200	HNC-848
8	Hermle_C30	Heidenhain530
9	HNC818-700L	HNC818M
10	HuiMaiTech_160	LYNUC
11	MIKRON_500U	Heidenhain530
12	VM1150S_Fanuc	FanucOiMF
13	VM1150S_fan...	FanucOiMF
14	VM1150S_Fan...	FanucOiMF

确定　　取消　　机床另存为

图 5-16　新建工程文件　　　　　　图 5-17　机床初始化

4. 设置毛坯和夹具

单击"设置毛坯"图标，选择"异型毛坯"（需要在建模软件上设计出毛坯和夹具将其导出为 STL 格式），单击 ⋯ 按钮，选择模型路径，将毛坯与夹具分别导入，如图 5-18 所示。

图 5-18 设置毛坯和夹具

> 提示：建议将工艺夹头与自定心卡盘作为整体一起输出。
> 建议在导出 STL 文件时，将绝对坐标系设在夹具底面中心，这样导入到仿真系统时可以保证夹具底面与工作台贴合并与旋转中心重合。

如果导出时夹具底面不在绝对坐标系下，则需要测量出底面与绝对坐标系的距离，在仿真软件里输入一个 Z 向的夹具偏置，如图 5-19 所示。

毛坯的导入亦是如此。

> 小技巧：如果毛坯与夹具已经确定好装配关系，则不需要进行偏置。

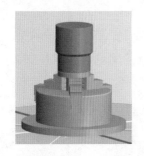  

图 5-19 设置夹具偏置

5. 设置刀具

例如：单击"设置刀具"图标 （图 5-20），在弹出的"机床刀具"对话框的左边框"刀具号码"中的"T15"栏上右击，选择"设定"，弹出"刀具选择"对话框。

选择"立铣刀"选项，选择"立铣刀 20"，单击"确定"，退出"刀具选择"对话框。

图 5-20　选择"设置刀具"

在"机床刀具"对话框的右边框单击"编辑"按钮，修改相应参数，单击"保存"，如图 5-21 所示。

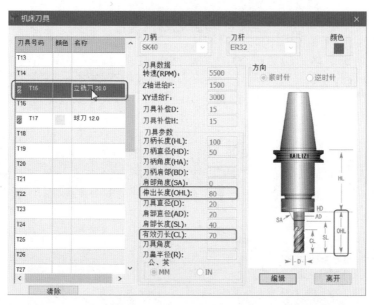

图 5-21　"机床刀具"对话框

此处分别创建 T15-ϕ20mm（伸出长度 80mm）和 T17-ϕ12R6mm（伸出长度 50mm）两把刀具，刀杆都选择"ER32"类型，如图 5-22 所示。

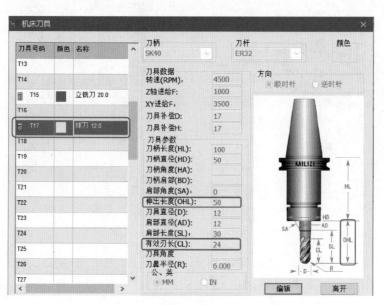

图 5-22　创建刀具

6. 编辑机床侧刀具表

在刀具库中定义好相应刀具之后，单击"手动操作"按钮 ，单击 ，可进入刀具信息参数表，再单击 ，切换模式到"开启"模式，对刀具信息参数表进行编辑修改，如图 5-23 所示。

图 5-23　编辑机床侧刀具表

以 15 号刀为例，单击功能栏 ，查看 15 号刀具信息中"HL"和"OHL"这两个参数，这两个参数的和就是对应刀具的理论刀长，如图 5-24 所示。将此刀长值输入到刀具表 15 号刀位置，通过数字键和方向键，对当前刀具总长参数进行修改，输入刀长，如图 5-25 所示。

> 提示：此时输入的刀长只是理论刀长，还需要进行测量刀长操作，测量出真实的刀长。输入理论刀长的目的，在于刀具进行自动测量时，不会接触不到测量装置，设置过长或过短的刀长都会影响测量结果。

图 5-24　输入刀具参数

7. 刀长自动测量

利用 MDI 方式（ ），首先调取要测量的刀具，例"TOOL CALL 15 Z"，然后调取测量循环的指令，按程序启动（ ）两次，进行 15 号刀具调取以及刀长的自动测量。

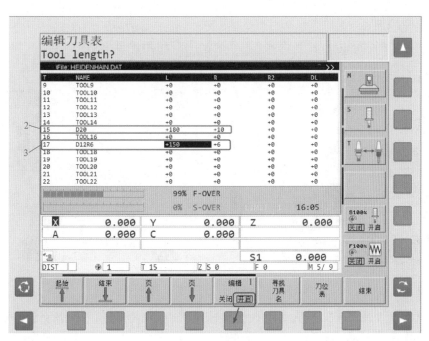

图 5-25　刀具参数修改

完成上述操作后,进入刀具表信息界面,此时显示的刀具长度即为实际刀具的总长,如图 5-26 所示。

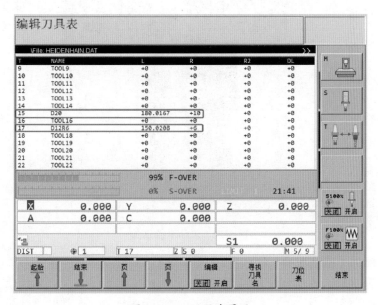

图 5-26　刀具信息界面

按照同样的方法,进行 17 号刀具的刀长测量。

刀长自动测量需要注意以下两点:第一点是模拟速度的进度条最好放在 1 档位置,这样测量比较准确,第二点是调取刀具时,系统初始默认主轴为 1 号刀,如果执行调用 1 号刀具机床没有动作,请先调用其他刀具后再执行 1 号刀具。

8. 工作原点确定

单击屏幕控制面板上右侧面板 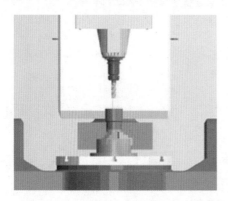 和 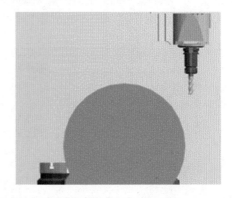，利用 "前视图"（ ⬚ ）和 "右视图"
（ ⬚ ）切换方位，如图 5-27 所示。

图 5-27 "前视图"和"右视图"切换

通过 "手动" 和 "手轮" 方式进行 Z 轴轴向移动，当切削到工件表面后，单击 "原点
管理"，再单击 "改变原点"，将光标移至需要设定的坐标系 Z 轴处单击 ✛ （光标）后，
单击 "激活原点"，将刀具远离工件表面，单击主轴停止，如图 5-28 所示。

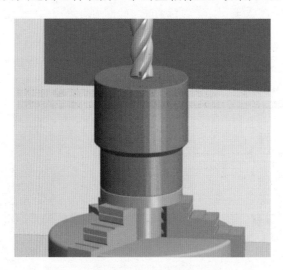

图 5-28 Z 轴原点设置

X 轴和 Y 轴与 3 轴试切的方法相同，并且卡盘中心默认放置在 C 轴的旋转中心，所以
在此默认 X 轴和 Y 轴为 0，如图 5-29 所示。

9. 导入数控程序

将 CAM 数控代码复制到 TNC 文件夹之下：X：\ProgramFiles\HuiMaiTechSim\Controller\
Heidenhain\TNC，如图 5-30 所示。

10. 调用加工程序

单击 "自动运行" 按钮 ➡，单击 "程序管理" 按钮 PGM MGT，鼠标光标单击需要加工的程
序，然后单击 "选择" 按钮，如图 5-31 所示。

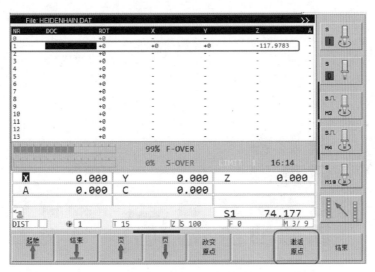

图 5-29 其他轴原点设置

图 5-30 导入数控程序

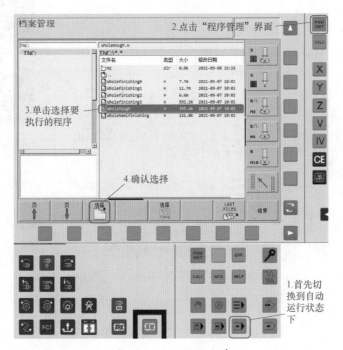

图 5-31 调用加工程序

11. 加工程序运行

单击"程序运行"按钮，启动程序，然后单击速度调节按钮![icon]，通过调节速度旋钮来调节加工时 G00\G01 的速度，也可以通过软件模拟速度进度条调整进给速度，指针到数字 8 为最快，如图 5-32 和图 5-33 所示。

图 5-32　加工程序运行

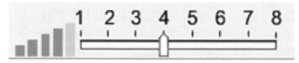

图 5-33　调整进给速度

12. 运行数控代码加工仿真

如果"项目 3"和"项目 4"操作正确的话，多轴机床根据数控代码进行仿真加工，加工过程中无报警或过切现象。工件加工仿真结果如图 5-34 所示。

13. 保存文件

单击"文件"菜单栏，选择"另存为"，即可保存至指定路径，如图 5-35 所示。

多轴机床参与运动的轴数较多且机型多样、价格昂贵，所以教学成本较高。为了了解机床实际操作过程，规避实际加工中过切、欠切、碰撞等隐患，上机操作前有必要进行仿真模拟加工，把加工过程中可能出现的问题检查出来。

图 5-34　工件加工仿真结果

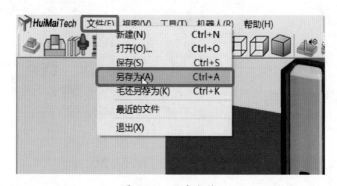

图 5-35　保存文件

提示：在仿真中定义的加工刀具和机床夹具要和实际加工的使用保持一致，这是因为 5 轴加工时由于刀轴的偏摆，有可能会产生刀柄与工件或刀柄与夹具的干涉，通过刀柄干涉检查可以避免真实加工时此类事故的发生。

详尽的多轴仿真加工操作过程请扫描下面二维码学习。

多轴仿真加工操作过程

5.4 多轴加工实践

根据项目 3 的加工工艺过程卡得知："品"零件的毛坯采用 ϕ80mm×94mm 的 7075 铝合金棒料，在多轴加工工序前已经完成 ϕ70mm×34mm 外圆段、8×M4 螺纹孔和用于中心定位的 ϕ30H8 短锥孔的工序特征。按照零件图要求，以上特征需保证一定的相互位置精度。

装夹方案采用自制工艺夹头，对工件的端面和回转轴线进行定位锁紧。工艺夹头的顶部有与工件底部 ϕ30H8 短锥孔配合的 ϕ30g7 定位锥台和对齐 8×M4 螺纹孔的螺栓孔，底部有用于三爪卡盘夹持的外圆轴段。同时，顶部和底部也需保证一定的相互位置精度。

工件与自制工艺夹头如图 5-36 所示，装配过程如图 5-37 所示，装配结果如图 5-38 所示。

图 5-36   图 5-37   图 5-38

根据任务的加工要求，实施本任务需要 Heidenhain530 控制系统的 HERMLE_C30U 机床、切削刀具、卡盘夹具、找正工具等，具体操作与仿真加工操作类似。

多轴仿真加工及真实加工成果的对比见表 5-1。

表 5-1　多轴仿真加工与真实加工对比表

序号	各工序加工过程	各工序仿真加工成果	各工序真实加工成果
1	整体定向粗加工 （两道工序）		
2	三贯通孔定向粗加工 （三道工序）		
3	三贯通孔定向精加工 （三道工序）		
4	整体外轮廓半精加工 （两道工序）		
5	球体精加工 （上、中部，两道工序）		

序号	各工序加工过程	各工序仿真加工成果	各工序真实加工成果
6	球体精加工 （下部，一道工序）		
7	支承、底盘斜面精加工 （两道工序）		
8	最终的成品		

　　通过 HuiMaiTech 多轴操作教学仿真软件的毛坯定义、刀具定义、刀长定义、工件原点确定、导入 NC 程序、程序运行加工等操作，可以快速地了解多轴加工实际操作的过程，并能在仿真操作中发现过切、欠切、碰撞等隐患，规避真实加工中的危险，保障设备及人员的安全。

　　实践期间会碰到各种各样的问题，比如机床侧的设置、工件坐标系的建立、后置处理的可用性、刀具路径的优化、切削参数的调整等，建议加强机械制图、机械加工技术、机械制造工艺学等专业课程的学习，积累知识、勤加练习，从而深刻理解理论、掌握综合技能，为我国机械制造业做出自己的贡献。

习题

请完成图 5-39～图 5-41 所示零件多轴加工的仿真及加工实践。

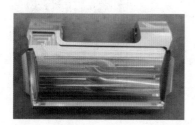

图 5-39　零件 1

图 5-40　零件 2

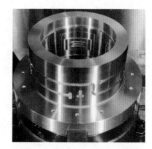

图 5-41　零件 3

参 考 文 献

［1］杨晓.数控铣刀选用全图解［M］.北京：机械工业出版社，2019.

［2］张磊.UG NX6 后处理技术培训教程［M］.北京：清华大学出版社，2009.

［3］高永祥，郭伟强.多轴加工技术［M］.北京：机械工业出版社，2017.

［4］朱建明.NX 多轴加工实战宝典［M］.北京：清华大学出版社，2017.